Praxistipps IT

Journal Entry Testing

Kersten Christian Droste / Jonas Tritschler

IDW
IDW VERLAG GMBH

1. Auflage

Die IDW Verlag GmbH ist ein Unternehmen des Instituts der Wirtschaftsprüfer in Deutschland e. V. (IDW).

Druck und Bindung: C.H.Beck, Nördlingen
KN 11778/0/0

ISBN 978-3-8021-2140-1

Bibliografische Information der Deutschen Bibliothek
Die Deutsche Bibliothek verzeichnet diese Publikation in der Deutschen Nationalbibliografie; detaillierte bibliografische Daten sind im Internet über http://www.d-nb.de abrufbar.

Coverfoto: www.istock.com/mastaka

www.idw-verlag.de

Inhaltsverzeichnis

Abbildungen

Tabellenverzeichnis

1 Einleitung

1.1 Digitalisierung

Das Berufsbild des Abschlussprüfers muss sich der allgegenwärtigen Digitalisierung stellen und eine Verwandlung akzeptieren. Während sich die Unternehmen in die digitale Zukunft bewegen, prüft der Abschlussprüfer immer noch vornehmlich mit Stift und Papier. Natürlich setzt der Abschlussprüfer auch moderne Technik ein, hat immer die aktuelle Hardware. Aber ein digitales Bewusstsein ist noch nicht ausgeprägt, welches eine grundlegende Neukonzeption auch bei der Prüfungsplanung und Prüfungsdurchführung bedeutet.

Ein wesentlicher Baustein des digitalen Bewusstseins ist die Datenanalyse. Alle Transaktionen, die in einem Unternehmen ablaufen, sind in der Datenwelt dokumentiert bzw. gespeichert. Dabei handelt es sich nicht nur um den reinen Buchungsstoff, also die Daten der Finanzbuchhaltung, sondern auch um die Entstehungsgeschichte einer Buchung im Rahmen von wertschöpfenden Prozessen. Um für die Abschlussprüfung einen Vorteilsgewinn hinsichtlich Prüfungseffizienz, Prüfungssicherheit oder auch Prüfungsqualität zu haben, muss die Datenanalyse eine wichtigere Rolle spielen. Insbesondere die Big-4-Prüfungsgesellschaften werben damit, dass ein Großteil ihrer Prüfungshandlungen über Datenanalysen erfolgt.

Mit diesem Buch soll der Einstieg in die Datenanalyse im Rahmen der Abschlussprüfung leichter gemacht werden. Es geht den Autoren nicht darum, möglichst aufwendige und komplizierte Schritte darzustellen, deren Nachvollziehung nicht motiviert. Vielmehr werden unter dem Begriff der „Journal Entry Tests“ Analysen vorgestellt und in Beispielen verdeutlicht, die sich zu jeder Zeit während der Abschlussprüfung und in nahezu jedem Prüfungsbereich anwenden lassen.

1.2 Der Zweck von Journal Entry Tests (JET)

Durch Journal Entry Tests (JET) lassen sich Transaktionsdaten zielgerichtet analysieren. Ziel ist es, auffällige Journaleinträge zu identifizieren, die Fehler im Jahresabschluss darstellen können. Mit Journaleinträgen sind im engen Sinne Buchungen des Hauptbuchs gemeint. Sinnvoll ist es jedoch, darüber hinausgehend auch Daten aus Vorsystemen und/oder Nebenbüchern in die JET-Prüfung einzubeziehen.

Die **Abb. 1.1** zeigt exemplarisch, wie aus der Grundgesamtheit aller Hauptbuchbelege eine Teilmenge auffälliger Belege identifiziert wurde, von denen nach Prüfung der Sachverhalte tatsächlich einzelne Fehler aufgedeckt wurden.

Unter auffällige Buchungen fallen u.a. manuelle Buchungen, Buchungen mit ungewöhnliche Beträgen oder ungewöhnlichen Konten- und Soll-Haben-Kombinationen, Buchungen zu ungewöhnlichen Zeiten, Buchungen mit ungewöhnlicher Beschreibung (Buchungstext) und Buchungen, die von nicht autorisierten Personen durchgeführt wurden. Insbesondere sollen auch die Abschlussbuchungen, die regelmäßig auf das Periodenende fallen, untersucht werden.[1]

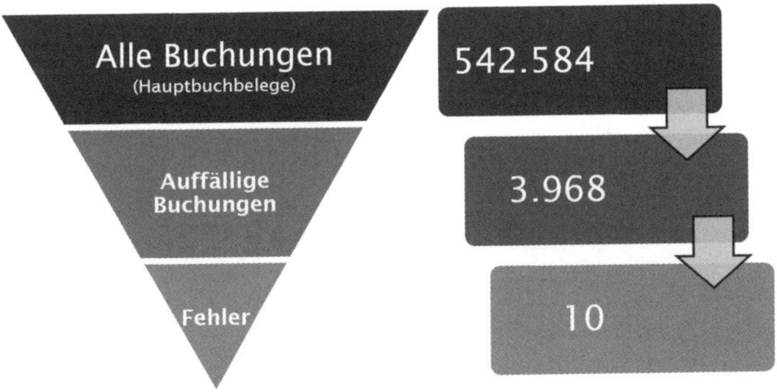

Abb. 1.1 Exemplarisches Verhältnis von allen Buchungen bis zur Fehleridentifikation auf Basis von JET

Das Center for Audit Quality, das als eine Institution zum AICPA gehört, hat in einer Veröffentlichung die Durchführung folgender JET exemplarisch vorgeschlagen (s. **Tab. 1.1**).[2]

#	JET query
1	Find journal entries that do not balance
2	Find gaps in journal entry number sequence
3	Find high-dollar journal entries
4	Find possible duplicate account entries
5	Find round-dollar journal entries

1 Vgl. ISA 240.32a i-ii und ISA 240.A43.
2 Practice Aid for Testing Journal Entries and Other Adjustments Pursuant to AU Section 316, Center for Audit Quality, December 8, 2008.

#	JET query
6	Show journal entry information by employee
7	Find all entries made by a specific employee
8	Show values for the „journal entry type“ code
9	Find manual entries
10	Sample journal entries (random or high dollar)
11	Find specific journal entries (by month, day or JE#)
12	Find all entries containing specific account(s)
13	Find all entries within a range of accounts
14	Find post-dated entries
15	Find entries with unusual (non-standard) descriptions
16	Find entries posted on weekend

Tab. 1.1 Beispielhafte JET-Abfragen gemäß dem Center for Audit Quality

Praxistipp:
JET sollten sich nicht nur auf das Hauptbuch (Belegjournal) konzentrieren, sondern auch Vorsysteme und/oder Nebenbücher einbeziehen. So können die Ergebnisse weiterführend und zielgerichteter für den weiteren Prüfungsverlauf verwendet werden. JET werden somit zu einem ständigen Begleiter während der Prüfung.

Journal Entry Testing kann sich bspw. auf sämtliche Vor- und Nebensysteme, die eine Rechnungslegungsrelevanz aufweisen und damit für die Abschlussprüfung bedeutend sind, erstrecken. Bestes Beispiel sind die Einkaufs- oder Verkaufsprozesse in einem Unternehmen, die eine Fülle an Transaktionsdaten produzieren, welche zumeist nur komprimiert ans Hauptbuch übergeben werden.

Auch der zeitliche Aspekt ist weiter zu verstehen. Journal Entry Testing muss für einen modernen Abschlussprüfer zu einem ständigen Begleiter während seiner Prüfung werden:

- Zu Beginn der Prüfung ist es wichtig, sich einen Überblick über das Unternehmen zu verschaffen und Risikobereiche zu identifizieren. Journal Entry Testing kann in dieser Phase dazu dienen, offensichtliche Unrichtigkeiten oder grobe Abweichungen zu erkennen oder einfach nur eine strukturierte Zusammenfassung über Veränderungen zum Vorjahr zu geben. Daraus können das weitere Prüfungsvorgehen und die Prüfungsschwerpunkte abgeleitet werden.

- Während der Vorprüfung kann Journal Entry Testing insbesondere für die Überprüfung von Aussagen im Kontrollumfeld, also überwiegend für Funktionsprüfungen, eingesetzt werden. Die daraus gewonnenen Erkenntnisse müssen die nachfolgenden aussagebezogenen Prüfungshandlungen beeinflussen.
- Im Rahmen der Hauptprüfung können Journal Entry Tests letztlich dazu dienen, die aussagebezogenen Prüfungshandlungen, also analytische und Einzelfallprüfungen, zu unterstützen.

Dem durchgängigen Einsatz von Journal Entry Testing während der Abschlussprüfung sowie dem breiten Einsatzspektrum gemein sind die übergeordneten Ziele, die Prüfung wirtschaftlicher durchzuführen und damit auch eine zeitigere Prüfungssicherheit und eine höhere Prüfungsqualität zu erreichen.

1.3 Pflicht zur Durchführung von JET

Die Pflicht zur Durchführung von JET geht aus dem ISA 240 (respektive IDW PS 210) hervor. Ein Abschlussprüfer, der eine Prüfung in Übereinstimmung mit den ISA durchführt, ist dafür verantwortlich, hinreichende Sicherheit darüber zu erlangen, dass der Abschluss als Ganzes frei von einer wesentlichen – beabsichtigt oder unbeabsichtigt – falschen Darstellung ist.[3] Ungewöhnliche bzw. auffällige Journaleinträge sind zu identifizieren und zu analysieren.[4] Die Identifikation und Analyse einzelner Journaleinträge könnte sicherlich auch manuell, d.h. ohne Systemunterstützung, erfolgen. Offensichtlich ist aber, dass insbesondere die manuelle Identifikation auffälliger Buchungen sehr zeitaufwendig wäre und sicherlich jedes Abschlussprüferhonorar sprengen würde. Folglich kann die Prüfung von Journaleinträgen effizienter Weise nur mittels Tool-Unterstützung erfolgen. Die dabei in Betracht kommenden Journal Entry Tests, die benötigten Datenfelder sowie deren Aufbereitung und Interpretation werden in den folgenden Kapiteln dargestellt.

Dabei ist das Entdeckungsrisiko von wesentlichen falschen Darstellungen im Abschluss aufgrund von dolosen Handlungen höher als das Entdeckungsrisiko von wesentlichen falschen Darstellungen aufgrund

3 Vgl. ISA 240.5.
4 Vgl. ISA 240.32.

von Irrtümern. Dies resultiert daraus, dass bewusste Handlungen möglicherweise geplant und gut organisiert sind. Das Management ist dabei in guter Position, um dolose Handlungen durchzuführen oder Kontrollen zur Verschleierung bewusst außer Kraft zu setzen. Dieses Risiko besteht dem Grunde nach in jeder Einheit,[5] kann jedoch der Höhe nach variieren. Unabhängig davon handelt es sich hierbei um ein bedeutsames Risiko.

Darüber hinaus muss der Abschlussprüfer bei der Identifizierung von Risiken von der Vermutung ausgehen, dass die Erlöserfassung aufgrund von dolosen Handlungen ein bedeutsames Risiko ist.[6] In diesem Zusammenhang muss er beurteilen, welche Erlösarten, erlösrelevante Geschäftsvorfälle oder Aussagen Risiken zur Folge haben.

Der Abschlussprüfer muss daher seine Prüfungshandlungen als Reaktion auf beurteilte Risiken sorgfältig planen, um solche falschen Darstellungen entdecken zu können. Die kritische Grundhaltung hat der Abschlussprüfer während der gesamten Prüfung beizubehalten.[7] Unabhängig von der Einschätzung des Risikos der Außerkraftsetzung vom Kontrollen durch den Abschlussprüfer, muss dieser Prüfungshandlungen planen und durchführen, um u.a. die Angemessenheit von im Hauptbuch erfassten Journaleinträgen zu prüfen. Darüber hinaus hat er die Notwendigkeit abzuwägen, Journaleinträge aus dem gesamten Berichtszeitraum zu prüfen.

Journaleinträge können von dem Management durch eine Außerkraftsetzung von – ansonsten wirksam scheinenden – Kontrollen manipuliert werden. Als mögliche Manipulationen von Journaleinträgen nennt ISA 240 u.a.:

- Aufzeichnung fiktiver Journaleinträge,
- Auslassung, Vorziehung oder Aufschiebung der Erfassung von Ereignissen und Geschäftsvorfällen,
- Änderung von Aufzeichnungen und Konditionen im Zusammenhang mit bedeutsamen und ungewöhnlichen Geschäftsvorfällen.

Da es sich bei Journal Entry Tests um eine reine Auswertung von vorhandenen Daten handelt, kann eine fehlende Erfassung von Ereignissen und Geschäftsvorfällen nicht ohne Weiteres festgestellt werden. Es können

5 Zum Begriff „Einheit" vgl. IDW Textausgabe Englisch – Deutsch, International Standard on Auditing, ISA 240.4.
6 Vgl. ISA 240.26.
7 Vgl. u.a. ISA 240.8, ISA 240.12 ff.

sich höchstens Anhaltspunkte für fehlende Erfassungen bei Folgeprüfungen finden oder wenn, ergänzend, im Rahmen der Prüfung bereits Daten aus dem Folgejahr verwendet werden. Beispielsweise können Auffälligkeiten bei der zeitnahen Erfassung in den ersten Monaten des Folgejahres Hinweise auf eine fehlerhafte Periodenabgrenzung und damit auch auf ein Aufschieben von Ereignissen und Geschäftsvorfällen geben.

Fiktive Journaleinträge haben, ebenso wie vorgezogene oder verspätete Erfassungen, oftmals Auffälligkeiten bzw. Merkmale, die grundsätzlich auswertbar sind.

Merkmale manipulierter Journaleinträge oder anderer Anpassungen können Buchungen auf

- unüblichen und/oder selten verwendeten Konten sein,
- Personen/Benutzer, die selten oder auf bestimmten Konten selten buchen,
- Buchungen ohne (aussagefähigen) Text,
- Buchungen kurz vor oder am Abschlussstichtag,
- runde Zahlen oder Zahlen mit denselben Endziffern.[8]

Journal Entry Tests sind derzeit noch die häufigsten Anwendungsfelder der digitalen Prüfung.[9] JET und darauf aufbauende Datenanalysen lassen sich wie bereits unter 1.2 dargestellt in den verschiedensten Bereichen der Prüfung einsetzen. IDW PS 330[10] sowie die ergänzenden Hinweise in IDW PH 9.330.3[11] nennen als Gegenstand der Analyse von Daten im Bereich der Abschlussprüfung die rechnungslegungsrelevanten Daten. Rechnungslegungsrelevante Daten umfassen u.a.

- Buchungen und Geschäftsvorfälle,
- Konten und Journale (Haupt- und Nebenbücher) sowie
- ergänzende Aufstellungen und Auswertungen des zu prüfenden Unternehmens mit Bezug zur Rechnungslegung.

Im weiteren Verlauf beziehen sich die Journal Entry Tests im Wesentlichen auf das Hauptbuch, um den Anwender den Einstieg in Journal Entry Tests zu vereinfachen. Hinweise zu weiterführenden Datenanalysen werden im Anschluss in Kapitel 5 dargestellt.

8 Vgl. ISA 240.A43.
9 Vgl. Rega/Teipel: Digitalisierung in der Wirtschaft und im Berufsstand, WPg 01/2016.
10 Vgl. IDW PS 330, Tz. 8.
11 Vgl. IDW PH 9.330.3, Tz. 6 ff.

1.4 Journal Entry Tests und die sieben „W-Fragen"

Für Journal Entry Tests gibt es aufgrund der unterschiedlichen Unternehmen, ihrer Prozesse, ihrer Systeme und ihrer Daten viele Ansatzpunkte und Ideen. Daher ist es nicht sinnvoll, eine Standardliste mit den wichtigsten Journal Entry Tests herauszugeben, die abgearbeitet werden. Vielmehr soll dem Leser ein Leitfaden an die Hand gegeben werden, mit dem die vorgestellten Analyseschritte nachvollzogen werden können. Darüber hinaus soll der Leser aber auch in der Lage sein, die Prüfungshandlungen auf andere Bereiche zu transferieren.

Journal Entry Tests sind dafür geeignet, um die sieben „W-Fragen" zu beantworten:

- Wer (hat den Geschäftsvorfall erzeugt)?
- Was (sollte damit abgebildet werden)?
- Wo (erfolgte die Erfassung)?
- Wann (erfolgte die Erfassung)?
- Wie (erfolgte die Erfassung)?
- Warum (erfolgte die Erfassung)?
- Woher (kommt der Geschäftsvorfall)?

Allerdings dürfen diese Fragestellungen nicht ausschließlich separat betrachtet werden. Einen enormen Erkenntnisgewinn ergeben erst die Kombinationen aus mehreren „W-Fragen", also z.B.: Wer hat was erfasst/gebucht? Zudem sind die Fragen und die damit verbundenen Journal Entry Tests nicht überschneidungsfrei.

Mit den Antworten auf die genannten Fragestellungen kann auch die Umsetzung der Organisationsstruktur bzw. der Tätigkeitsbereiche in die IT-Systeme (Berechtigungskonzeption) überprüft werden. Ferner kann die Beantwortung der „W-Fragen" Aussagen über die ordnungsgemäße Funktion des Internen Kontrollsystems geben.

Für die Abschlussprüfung kann man die Fragen konkretisieren und z.B. folgenden Fragestellungen nachgehen:

1.4.1 Wer?

Die Frage nach dem „Wer" analysiert den Verursacher eines Geschäftsvorfalls. Das kann eine Buchung im Hauptbuch sein, aber auch eine Bestellung, ein Wareneingang, eine Zahlung usw. Neben den Benutzern, die sich auf natürliche Personen zurückführen lassen, sind vor allem aus Prozesssicht auch automatische Benutzer interessant.

Eine Auswertung nach dem „Wer" ist nur zielführend, wenn das Ist-Konzept (das Ergebnis der Analyse) auch mit dem Soll-Konzept abgeglichen wird. Das Soll-Konzept umfasst Informationen darüber, wer überhaupt einen bestimmten Geschäftsvorfall erfassen oder genehmigen darf. Als Beispiel kann die Genehmigung der Änderung von kritischen Stammdaten (bspw. Bankverbindungen im Kreditorenbereich) genannt werden.

Ebenso ist es zielführend, bereits im Vorfeld Erkenntnisse über die Kontenstruktur im Hauptbuch zu haben. Umsatzerlöse werden oftmals aus Nebenbüchern maschinell ins Hauptbuch übertragen. Auf diesen Konten sollten dann nur maschinelle Erfasser und keine manuellen Erfasser gebucht haben.

Als Auswertung (Journal Entry Test) kann hier die Anzahl von Buchungen pro Erfasser genannt werden. Diese sollten sinnvollerweise mit anderen Feldern, bspw. dem Konto, der Belegart oder dem Betrag kombiniert werden.

1.4.2 Was?

Zur Analyse des Buchungsstoffs ist es essenziell, die Frage „*Was* wurde gebucht?" zu stellen. Im Vordergrund steht nicht die Einzelfallprüfung des jeweiligen Belegs, sondern die maschinelle Analyse zur Findung von ungewöhnlichen oder auffälligen Buchungen.

Als Journal Entry Test können hier Buchungen mit ungewöhnlichen Buchungstexten oder auch eine Statistik der Umsatzerlöse zur Sichtbarmachung von Auffälligkeiten genannt werden.

1.4.3 Wo?

„*Wo* wurde gebucht?" beantwortet die Frage, auf welchen Konten der Geschäftsvorfall erfasst worden ist, aber auch, ob dieser im Haupt- oder Nebenbuch gebucht wurde. Im weiteren Verlauf dieses Buchs liegt der Schwerpunkt auf den Journal Entry Tests des Hauptbuchs. Die Frage nach dem „Wo" im Bereich des Nebenbuchs wird daher nur am Rande bzw. in Kapitel 4.2.12 dargestellt.

Neben einer Statistik der Umsatzerlöse auf Kontenebene kann hier eine Analyse von Gegenkonten (bspw. die bebuchten Gegenkonten von Bank- oder Erlösbuchungen) Hinweise auf zu prüfende Sachverhalte oder Prüfungsrisiken geben. Ferner können bspw. hohe Auszahlungen bei

Kassen-/Bankkonten Aufschlüsse hinsichtlich möglicher Manipulationen geben.

1.4.4 Wann?

Die Frage nach dem „Wann“ stellt den zeitlichen Kontext her. Buchungen zu ungewöhnlichen Zeiten können bspw. Buchungen an Wochenenden oder Feiertagen, aber auch nachts sein. Hierbei ist jedoch immer die Organisationsstruktur beim Mandanten zu berücksichtigen. Sofern buchende Gesellschaften im Ausland vorhanden sind, können die Feiertage abweichend sein. Ebenso sind Buchungen an Wochenenden oder Feiertagen sind nicht per se ungewöhnlich. Gerade in Zeiten von Monats-, Quartals- oder Jahresabschlussarbeiten können auch Buchungen an Wochenenden oder Feiertagen erfolgen. Dies gilt es, bereits im Vorfeld, im Rahmen der Planung der Journal Entry Tests, zu beachten.

Dennoch ist die Frage nach dem „Wann“ gerade in Kombination mit dem Benutzer sinnvoll. Hieraus können sich Anhaltspunkte für Nachfragen oder in Kombination mit anderen Auswertungen Hinweise auf mögliche Prüfungsrisiken oder sogar Manipulationen ergeben.

Fehlendes zeitnahes Erfassen und zeitnahes Buchen kann ein Indiz für das Vorziehen oder Aufschieben von Geschäftsvorfällen sein. Hierbei können die verschiedenen Datumfelder (Erfassungsdatum, Buchungsdatum, Belegdatum) näher betrachtet werden.

Aus möglichen Auswertungen können somit zeitnahes Erfassen oder Buchen sowie das Aufzeigen von Buchungen zu ungewöhnlichen Zeiten (Wochenenden, Feiertagen, nachts) genannt werden.

1.4.5 Wie?

„*Wie* wurde gebucht?“, beantwortet die Frage nach der Erfassung des Geschäftsvorfalls. Grundsätzlich müssen alle Geschäftsvorfälle zeitnah (auch eine Frage des „Wann“) und ordnungsgemäß in der Buchhaltung verarbeitet werden. Zur Reduzierung des Entdeckungsrisikos von fiktiven Journaleinträgen bietet sich eine Analyse von Doppelbuchungen an. Hier wird der Buchungsstoff anhand festgelegter Kriterien auf Sachkonten- und ggf. ergänzend auf Debitoren- und Kreditorenebene auf Doppelerfassungen analysiert. Doppelbuchungen können sowohl zu positiven als auch negativen Ergebnisauswirkungen führen.

Ferner lassen sich aus dem Journal Erkenntnisse bezüglich gerundeter Zahlen (insbesondere vor dem Komma[12]) gewinnen. Gerundete Zahlen können, müssen aber nicht, auf Manipulationen hinweisen. Des Weiteren soll der Buchungsstoff keine Lücken enthalten. Als Beispiel kann die Anforderung an eine fortlaufende Beleg- oder Rechnungsnummer genannt werden.

1.4.6 Warum?

Es dürfen nur tatsächlich stattgefundene Geschäftsvorfälle erfasst werden. Daher muss es für jede Buchung einen sachlichen Grund geben, den Sachverhalt zu buchen. Fiktive oder manipulierte Buchungen können im Kontext ungewöhnliche Texte aufweisen. Ebenso können Buchungen auf Konten erfasst sein, die dort üblicherweise nicht vorgenommen werden. Diese gilt es, anhand von Statistiken oder Zusammenfassungen von Buchungen auf Kontenebene zu erkennen. Ferner können Buchungen mit ungewöhnlichen Buchungstexten gefiltert werden. Ungewöhnliche Buchungstexte können hierbei einfache Begriffe wie „Storno“, „Gutschrift“ oder „Retoure“, aber auch Namen, Datumsangaben oder ungewöhnliche Zeichen- bzw. Ziffernfolgen sein.

1.4.7 Woher?

Buchungen können direkt von einer Person im System erfasst werden, aber auch automatisiert über Schnittstellen gebucht werden. Schnittstellenbuchungen können dabei ergänzend bereits Summierungen oder Verdichtungen aufweisen. Im Zuge von Journal Entry Tests sind auf der einen Seite sowohl die Buchungen als auch die Erfasser (manuell oder automatisiert) auf den jeweiligen Konten, aber auch Buchungen über Schnittstellen relevant. Zur Beantwortung der Frage nach dem „Woher“ sollten die Schnittstellen nicht außer Betracht bleiben. Einfache Schnittstellenprüfungen können zielgerichtet und ohne größeren Zeitaufwand umgesetzt werden.

1.4.8 Empfohlener Mindestumfang von JET

Zusammenfassend lässt sich festhalten, dass sich aus dem ISA 240 und ergänzenden Fehlerrisikoüberlegungen der folgende Mindestumfang von Journal Entry Tests ableiten lässt:

12 Als Beispiele seien hier 1.000,00 oder 23.000,75 genannt.

1. Anzahl Buchungen pro Erfasser,
2. manuelle Buchungen auf „eigentliche“ Automatikkonten,
3. Soll-Buchungen auf Umsatzerlöse sowie Statistik der Umsatzerlöse,
4. Buchungen mit ungewöhnlichen Buchungstexten,
5. Gegenkontenanalyse,
6. hohe Auszahlungen bei Kassenkonten,
7. zeitnahes Erfassen und zeitnahes Buchen,
8. Buchungen an Wochenenden und Feiertagen,
9. doppelte Buchungen,
10. gerundete Ziffern vor dem Komma,
11. Lückenanalyse,
12. Buchungen über Schnittstellen.

Der hier genannte Mindestumfang von Journal Entry Tests erhebt weder den Anspruch auf Vollständigkeit noch auf eine allgemein gültige Best Practice. Im Einzelfall können einige JET nicht anwendbar sein oder andere JET Fehlerrisiken besser adressieren. Mit diesen zwölf JET soll vielmehr eine Anregung sowie Hinweise für deren praktische Umsetzung gegeben werden.

Dabei ist es für die Durchführung von Journal Entry Tests irrelevant, ob ein spezielles Prüfungsprogramm[13] oder bspw. ein allgemeines Tabellenkalkulationsprogramm verwendet wird. In der Praxis hat sich gerade bei einem umfangreichen Datenvolumen eine Kombination aus beiden Programmarten bewährt. Die grundlegende Datenübernahme, -aufbereitung und -auswertung erfolgt unter Verwendung von ACL oder IDEA, im Idealfall unter Verwendung von Skripten bzw. Makros, die nachfolgende Interpretation, Aufbereitung und Dokumentation der Ergebnisse anhand eines Tabellenkalkulationsprogramms.

13 Als spezielles Prüfungsprogramm kann bspw. ACL oder IDEA eingesetzt werden.

2 Notwendige Vorüberlegungen zu Datensatzstrukturen

Im Bereich der rechnungslegungsrelevanten Daten kann grundsätzlich zwischen Stamm- und Bewegungsdaten unterschieden werden. Stammdaten enthalten Grundinformationen über bestimmte betriebliche Objekte und unterliegen tendenziell einer geringen Änderungshäufigkeit. Als Beispiele können Kunden- und Lieferantenstammdaten, Kontenstammdaten, Anlagenstammdaten oder Materialstammdaten genannt werden. Bewegungsdaten hingegen enthalten Informationen über die einzelne Bewegung. Es handelt sich um abwicklungsorientierte Daten, die den ausgelösten Geschäftsvorfall zeitlich und inhaltlich abbilden.

Der Verkauf von Waren wird in der Buchhaltung anhand des Buchungssatzes „Forderung an Waren" erfasst. Durch den Verkauf entsteht eine Bewegung, die den Saldo auf dem Konto Umsatzerlöse verändert bzw. fortschreibt. Ohne diese Änderung (= diese Bewegung) bliebe der Saldo unverändert, wäre also statisch.

Als Unterscheidungsmerkmale können folgende Punkte herangezogen werden:

Merkmal	Stammdaten	Bewegungsdaten
Statik der Daten	kein Zeitbezug, zeitlich eher invariant, sind längerfristig gleich	zeitlich variant, haben eine gewisse Dynamik und verändern sich
Häufigkeit der Nutzung in verschiedenen Anwendungen	werden oft von mehreren Anwendungen genutzt	werden oft von wenigen Anwendungen genutzt
Auswertungskriterium	Kriterium für Auswertungen	liefert eher die Fakten bei Auswertungen
Zeitdauer der Vorhaltung	meist langfristig	kurz- oder mittelfristig
Änderungshäufigkeit	regelmäßige Aktualisierung, Pflege der Daten	tendenziell keine Aktualisierung, Datenpflege notwendig

Tab. 2.1 Merkmale von Stamm- und Bewegungsdaten

Nachstehende Tabelle zeigt eine beispielhafte Darstellung von Stammdaten:

Nr.	Land	Name	Ort	Straße	Datum	Erfasser
1	DE	Forks GmbH	Hamburg	Malzer 57	15.05.2000	CW
2	US	Electronic Solutions	Large City	Am Dreieck 1	16.05.2010	KEDRO
3	FR	Dux de la Rivière	Paris	Pariser Str. 27	28.04.2015	THELE
4	DK	Metro	Kopenhagen	An der Aar 50	24.02.2015	BAUER
5	DE	Centro	Oberhausen	Antoniter 140	11.08.1995	WEISS
6	DE	KBBL Pumpe	Essen	Kupferdreh 40	05.05.1995	KEDRO
7	US	SM Pax	Atlanta	Troll-Straße 20	11.08.2003	ZOMB
8	US	Express Vendor	Boston	Enzianweg 30	09.11.2001	CW
9	US	Alu Casting	New York	Waldstraße 31	26.02.2001	CW

Tab. 2.2 Beispiel Stammdaten

Im Gegensatz zu den Stammdaten stellen Bewegungsdaten das jeweilige Ereignis bzw. den jeweiligen Geschäftsvorfall dar:

Konto	Beleg	Buchungs-datum	Beleg-art	Beleg-datum	Posi-tion	Betrag	Wäh-rung
5143923	97084052	06.12.2017	KU	06.12.2017	1	1.305,00	EUR
5151195	97087739	17.12.2017	AZ	17.12.2017	1	188,50	EUR
5186615	97086694	13.12.2017	KU	13.12.2017	1	1.074,00	EUR
5167136	6137126	03.06.2017	EB	03.06.2017	1	8.000,00	EUR
5100010	60103031	31.12.2017	RE	10.10.2017	1	–10,11	EUR
5100010	60100740	17.12.2017	RE	12.12.2017	1	–10,12	EUR
5100010	60101123	17.12.2017	RE	12.12.2017	1	–446,13	EUR
5100010	60101125	17.12.2017	RE	12.12.2017	1	–1.013,77	EUR
5100010	60101311	18.12.2017	RE	12.12.2017	1	–1.113,96	EUR

Tab. 2.3 Beispiel Bewegungsdaten

Journal Entry Tests beziehen sich auf die Journaleinträge und tendenziell auf die Auswertung der Bewegungsdaten. Die Stammdaten hingegen werden eher für weitergehende Datenanalysen benötigt.

Ein Buchungsjournal beinhaltet die vollständigen Belege auf Ebene der einzelnen Belegzeile:

Beleg	Beleg-datum	Buchungs-datum	Erfassungs-datum	Er-fasser	Betrag in EUR	Sach-konto	S-H
20041986	11.05.2017	11.05.2017	11.05.2017	BB	87,96	548010	H
20041986	11.05.2017	11.05.2017	11.05.2017	BB	3.062,49	285021	H
20041986	11.05.2017	11.05.2017	11.05.2017	BB	3.150,45	442000	S

Tab. 2.4 Auszug Buchungsjournal

Aus **Tab. 2.4** ist ersichtlich, dass der Beleg (20041986) aus drei Belegzeilen besteht. Das Soll-Haben-Kennzeichen der jeweiligen Belegzeile ergibt sich aus der Spalte S-H. Der Kopfteil des Belegs beinhaltet die statischen, unveränderlichen Werte pro Belegzeile. Die Belegnummer, das Beleg-, Buchungs- und Erfassungsdatum sind für alle Belegzeilen gleich. Ebenso ist der Belegerfasser immer unverändert. Pro Belegzeile ändern sich u.a. der Betrag und das Sachkonto; diese Belegteile können als Teilbuchungssätze bezeichnet werden.

Zum Verständnis von Journal Entry Tests ist es zudem hilfreich, die Unterscheidung zwischen Ganz- und Teilbuchungssätzen zu kennen.

Ganzbuchungssätze bestehen aus dem Kopfteil (bspw. Belegnummer und Buchungsdatum) sowie aus zwei Teilbuchungssätzen, jeweils dem Soll- und Haben-Konto, ergänzt um den Betrag.

Wesentliches Merkmal dieser Buchungssätze ist, dass diese, da sie vollständig in einer Zeile stehen, leicht auf Buchungssatzebene (= Belegebene) auswertbar sind. Bei dieser Art von Buchungssätzen lassen sich bspw. Gegenkontoanalysen aufgrund der eindeutigen Zuordnung gut durchführen.

Beleg	Buchungsdatum	Konto Soll	Betrag 1	Konto Haben	Betrag 2
12345	24.07.2017	23456	9.657,98	87679	-9.657,98
35262	27.07.2017	32426	11.293,67	87678	-11.293,67
62736	29.07.2017	78657	986,67	25242	-986,67

Kopfteil | Teilbuchungssatz 1 | Teilbuchungssatz 2

Abb. 2.1 Einzeiliger Buchungssatz

In der Praxis ist diese Struktur jedoch nicht vorzufinden. Hier gehen die Buchungssätze über zwei oder mehrere Zeilen. Daher wird die einfache, einzeilige Datensatzstruktur im Folgenden nicht weiter betrachtet. Bei einem mehrzeiligen Aufbau verteilt sich der gesamte Beleg auf zwei oder mehr Zeilen, vgl. die Darstellungen in **Abb. 2.2** und **Abb. 2.3**.

Beleg	Buchungsdatum	Konto	Betrag
12345	24.07.2017	23456	9.657,98
12345	24.07.2017	87679	-9.657,98
35262	27.07.2017	32426	11.293,67
35262	27.07.2017	87678	-11.293,67
62736	29.07.2017	78657	986,67
62736	29.07.2017	25242	-986,67

Buchungs-satz (Zeilen 1–2); Kopfteil (Beleg, Buchungsdatum); Teilbuchungs-satz (Konto, Betrag)

Abb. 2.2 Zweizeiliger Buchungssatz

Beleg	Buchungsdatum	Konto	Betrag
12345	24.07.2017	140000	11.900,00
12345	24.07.2017	200100	-1.900,00
12345	24.07.2017	842560	-10.000,00
12345	24.07.2017	178000	11.900,00
62736	29.07.2017	234360	986,67
62736	29.07.2017	786570	-986,67

Buchungs-satz (Zeilen 1–4); Kopfteil (Beleg, Buchungsdatum); Teilbuchungs-satz (Konto, Betrag)

Abb. 2.3 Mehrzeiliger Buchungssatz

Ein zeilenübergreifender Buchungssatz kann im Zuge von Journal Entry Tests ebenfalls ausgewertet werden. Lediglich der Aufbau der Abfragen kann sich aufgrund der vorhandenen Struktur ändern. Zum Beispiel ist zu beachten, dass zur Berücksichtigung von Wesentlichkeitsgrenzen kein (einfacher) Filter auf das Betragsfeld bezogen werden kann. Damit würden lediglich die Beträge pro Belegzeile, pro Soll-/Haben-Buchungszeile berücksichtigt werden. Sofern in einem Beleg mehrere Soll- und auch mehrere Haben-Buchungszeilen vorhanden sind, würde sich ein fehlerhaftes Bild ergeben.

3 Grundsätzliche Vorgehensweise

Die Durchführung von Journal Entry Tests und deren Dokumentation kann trotz aller Unterschiedlichkeit der in der Praxis vorzufindenden Systeme und Buchhaltungen nach einer einheitlichen Vorgehensweise erfolgen:

1. Planung,
2. Datenanforderung und -übernahme sowie -validierung,
3. Datenaufbereitung,
4. Datenauswertung/Durchführung der Journal Entry Tests,
5. Interpretation, Aufbereitung und Dokumentation der Ergebnisse.

Der Einsatz von Journal Entry Tests sollte zeitlich deutlich vor der Hauptprüfung, im Idealfall bereits im Zuge einer Vorprüfung, geplant werden. In der Praxis hat es sich zudem bewährt, bei Neumandaten bereits Daten im Rahmen einer Vorprüfung testweise auszuwerten.

Die Durchführung von Journal Entry Tests kann in fünf Phasen unterteilt werden:

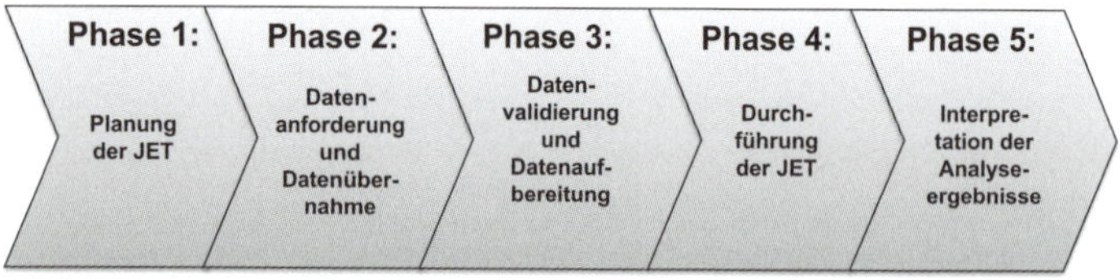

Abb. 3.1 Phasen der Journal Entry Tests

3.1 Planungsphase

In der **Planungsphase** wird der Zeitplan für die Durchführung der Journal Entry Tests intern und auch mit dem Mandanten abgestimmt. Ferner werden die zu erstellen Auswertungen und die dafür benötigten Daten(felder) definiert. Diese sind inhaltlich für Standard Journal Entry Tests identisch, unterscheiden sich jedoch in Abhängigkeit von dem beim Mandanten eingesetzten Software-Programm in der Namensgebung.

Da die Finanzverwaltung im Rahmen der steuerlichen Außenprüfung vermehrt auf Daten aus den Finanzbuchhaltungssystemen zurückgreift, tritt das Problem der (reinen) Datenbeschaffung mehr und mehr in den

Hintergrund. Der Datenumfang der GDPdU[14]-Daten ist für „reine" Journal Entry Tests oftmals zu umfangreich. Daher sollten die anzufordernden Daten möglichst auf die benötigten Tabellen und daraus benötigten Datenfelder reduziert werden. Sollte eine Feldselektion seitens des Mandanten nicht möglich sein, sollten die erhaltenen Daten vor den eigentlichen Auswertungen auf die benötigten Felder reduziert werden. Für diesen Zweck können die benötigten Datenfelder mithilfe des verwendeten Prüfungsprogramms in eine Auswertungsdatei extrahiert werden.

Ferner sollte bereits in der Planungsphase festgelegt werden, welches Auswertungsprogramm Verwendung findet. Dies kann neben einem allgemeinen Tabellenkalkulationsprogramm auch ein spezielles Prüfungsprogramm oder eine Kombination aus beiden sein.

Microsoft Excel besitzt den Vorteil einer großen Verbreitung und den oftmals bereits vorhandenen guten Anwendungskenntnissen. Des Weiteren handelt es sich regelmäßig um eine EDA[15] Software. Demgegenüber stehen spezielle Prüfungsprogramme, die in ihrer Anwendung normalerweise eine Schulung und weitere regelmäßige Übung erfordern.

Die nachstehende Tabelle stellt einige der Vor- und Nachteile gegenüber, wobei als spezielle Prüfungsprogramme ACL und IDEA betrachtet werden:

Kriterium	Tabellenkalkulationsprogramm	ACL/IDEA
Einfachheit der Anwendung	leicht, geringer Aufwand	i.d.R. deutlich größerer Aufwand
Verfügbarkeit	normalerweise als Standard-Software vorhanden	oftmals gesonderte Beschaffung, laufende Wartungs-/Supportaufwendungen
Auswertungsvolumen	etwa 1 Mio. Datensätze	unbegrenzt
Auswertungsgeschwindigkeit	mittel	deutlich schneller, insbesondere bei großen Datenbeständen
Fehleranfälligkeit	mittel bis hoch	gering bis mittel

14 Grundsätze zum Datenzugriff und zur Prüfbarkeit digitaler Unterlagen, vgl. BMF IV D 2 – S 0316 – 146/01.

15 Mit „EDA", „Eh da" oder „Sowieso" Kosten werden Dinge bezeichnet, die im Unternehmen bereits als Standard vorhanden sind.

Kriterium	Tabellenkalkulationsprogramm	ACL/IDEA
Datenimport	abhängig von der Datenstruktur und dem Format	deutlich umfangreicher (bis hin zu mehrzeiligen Reports)
Weiterverarbeitung/Aufbereitung der Ergebnisse	vielseitig möglich bis hin zu komplexen Grafiken und Übersichten	eingeschränkt, oftmals ein Export und eine Weiterverarbeitung in einem anderen Programm sinnvoll

Tab. 3.1 Prüfungsprogramme, Vor- und Nachteile

3.2 Datenanforderung und -übernahme

In der Phase 2, **Datenanforderung und -übernahme**, werden die benötigten Daten beim Mandanten angefordert. Die Datenanforderung beinhaltet nicht nur den Inhalt, sondern auch die zeitliche Vorgabe.[16] In Abhängigkeit von dem vorhandenen IT-Wissen innerhalb der Wirtschaftsprüfungspraxis können die Daten – nach Absprache – direkt bei der IT-Abteilung angefragt werden. Sofern das IT-Wissen nicht vorhanden ist oder es sich um die erstmalige Anforderung von Daten handelt, kann dies auch in Kombination Finanzbuchhaltung–IT erfolgen. In diesen Fällen hat es sich bewährt, eine allgemeine Datensatzbeschreibung der benötigten Datenfelder gemeinsam mit dem Mandanten zu besprechen, um die relevanten Tabellen zu identifizieren. In der Praxis hat es sich bewährt, die Daten nicht zu umfangreich zu wählen. Dies erleichtert gerade bei einer erstmaligen Anwendung das Zurechtfinden in den erhaltenen Daten.

Für die genannten Journal Entry Tests werden üblicherweise die folgenden Datenfelder verwendet:

Datenfeld	Beschreibung	Benötigt für JET (Nr.)
Beleg	Belegnummer, ein Beleg kann mehrere Belegzeilen (Positionen) haben	1–12
Belegdatum	Datum des zugrunde liegenden Belegs (bspw. Rechnungsdatum)	1, 2, 7, ggf. 8, 9, 11
Buchungsdatum	Datum, in welcher Buchungsperiode der Beleg gebucht worden ist (bspw. Dezember 2017)	1, 2, 5, 7
Erfassungsdatum	Datum (Zeit), an dem die Buchung im System vom Erfasser physisch erfasst wurde	1, 2, ggf. 8

16 Bei Journal Entry Tests wird dies i.d.R. das gesamte Geschäftsjahr sein. Bei einer testweisen Datenanforderung sollte ein deutlich kleinerer Zeitraum gewählt werden.

Datenfeld	Beschreibung	Benötigt für JET (Nr.)
Geschäftsjahr	Entspricht § 242 HGB, nur für Prüfungszwecke, grundsätzlich nicht auswertungsrelevant	5, ggf. 8
Buchungsperiode	Unterteilung des Geschäftsjahres in die einzelnen Buchungsperioden 1–12 zzgl. Sonderperioden für die Abschlussaufstellung (bspw. 13–16 in einem SAP-System)	5, ggf. 8, 12
Erfasser/ Benutzer	Person oder maschineller Benutzer, die/ der die Buchung im System erfasst hat	1–12
Betrag	Betrag des Belegs in Hauswährung	1–12
Sachkontonummer	Nr. des Sach- bzw. Hauptbuchkontos	1–12
Sachkontobezeichnung	Bezeichnung des Sach- bzw. Hauptbuchkontos; wird nur für die bessere Lesbarkeit benötigt, nicht auswertungsrelevant	1–12
Buchungstext	Erläuterung zur erfassten Buchung	3, 7, 8
Zuordnung	Kennzeichen, Zeichenfolge, kann auch Erläuterungen beinhalten; nicht grundsätzlich auswertungsrelevant, ggf. Ergänzung zum Buchungstext verwendbar	3, 7, 8
Soll-Haben-Kennzeichen	Unterscheidung zwischen Soll- und Haben-Buchungen	1–12

Tab. 3.2 JET-Datenfelder

3.3 Datenvalidierung

Die vom Mandanten erhaltenen Daten[17] müssen vor der Weiterverarbeitung insbesondere auf ihre Vollständigkeit hin überprüft werden. Eine Vollständigkeitsprüfung kann vereinfacht über die Anzahl der Datensätze erfolgen. Ergänzend können die Selektionskriterien und Eingrenzungen geprüft werden

Die inhaltliche und zeitliche Richtigkeit der Daten sollte ergänzend geprüft werden. Ansonsten besteht das Risiko, dass die Auswertungen aufgrund fehlerhafter Daten nicht verwendbar sind. Für die Aufbereitung müssen die Daten im Vorfeld ggf. um eigene Felder ergänzt werden; auf die Ausführungen zu Phase 4 – Datenaufbereitung – wird verwiesen.

17 Per Download-Link, auf CD, USB-Stick o.Ä.

Die wichtigsten Abstimmhandlungen sind:

- Ausgeglichene Soll- und Haben-Buchungen,
- Belegsummen,
- Abstimmung mit der Summen- und Saldenliste,

Zunächst kann eine Summe über die Soll-Haben-Beträge gezogen werden. Sofern das Journal Soll-Haben-Kennzeichen enthält und somit der Betrag pro Belegzeile immer mit einem positiven Vorzeichen dargestellt wird, muss im Vorfeld ein neues Datenfeld eingefügt werden.[18]

Beleg	Beleg-datum	Buchungs-datum	Erfas-sungs-datum	Er-fasser	Betrag in EUR (be-arbeitet)	Sach-konto	S-H
20041986	11.05.2017	11.05.2017	11.05.2017	BB	-87,96	548010	H
20041986	11.05.2017	11.05.2017	11.05.2017	BB	-3.062,49	285021	H
20041986	11.05.2017	11.05.2017	11.05.2017	BB	3.150,45	442000	S

Tab. 3.3 Auszug aufbereitetes Buchungsjournal

In Abweichung von der Darstellung in **Tab. 2.4** werden Soll-Buchungen positiv und Haben-Buchungen nunmehr negativ dargestellt.

Bei einem Buchungsjournal muss darüber hinaus die Summe der einzelnen Belegzeilen pro Beleg jeweils null ergeben. Dies kann durch eine Summierung des Betragsfeldes über das Kriterium „Beleg" erreicht werden.

Beleg	Betrag	Währung	Anzahl Belegzeilen
100000000	0,00	EUR	30
100000001	0,00	EUR	18
100000002	0,00	EUR	4
100000003	0,00	EUR	20

Tab. 3.4 Auszug Abstimmungssumme pro Beleg

Sofern einzelne Summen pro Beleg nicht null ergeben, sollte dieses vor einer weiteren Verarbeitung geprüft werden. Dies kann durch eine Summenbildung über das gesamte Journal generiert werden. Sollte dies nicht der

[18] In Microsoft Excel kann dieses über die Funktion „WENN", in ACL oder IDEA über „Neuen Ausdruck hinzufügen" umgesetzt werden.

Fall sein, kann die Datenauswertung seitens des Mandanten, aber auch die Datenübernahme fehlerhaft sein.

Darüber hinaus sollte das Journal mit der Bilanz und Gewinn- und Verlustrechnung übereinstimmen. So wird sichergestellt, dass auch in zeitlicher Hinsicht die übernommenen Journaldaten ordnungsgemäß sind, also vollständig dem zu prüfenden Geschäftsjahr entsprechen. Zu diesem Zweck wird aus dem Journal eine Summen-Saldenliste auf der Basis des Hauptbuchkontos erzeugt. Dies erfolgt unter Verwendung einer Summierung des Betragsfelds über das Kriterium „Hauptbuch". Der Saldo der so erzeugten Hauptbuchkonten muss mit der für die Prüfung vorhandenen Summen-Saldenliste bzw. der darauf aufbauenden Bilanz und Gewinn- und Verlustrechnung übereinstimmen. Hieraus kann auch auf die Vollständigkeit der übernommenen Daten in zeitlicher Hinsicht geschlossen werden. Sollten einzelne Zeiträume fehlen, würde die Abstimmung Differenzen aufweisen.

Diese Grundabstimmungen sollten weitestgehend automatisiert werden, um Fehler bei der Datenbereitstellung durch den Mandanten und der Datenübernahme durch den Prüfer möglichst auszuschließen.

Praxistipp:
Zur Automatisierung der immer notwendigen Abstimmung der erhaltenen Daten kann die Skript-/Makrofunktion des verwendeten Prüfungs- und Tabellenkalkulationsprogramms verwendet werden. In der Regel bieten diese Programme Aufzeichnungsmöglichkeiten an. In ACL bspw. über den Menüpunkt Extras – Skript-Recorder an oder in Microsoft Excel über den Menüpunkt Entwicklertools[19] – Makro aufzeichnen.

3.4 Datenaufbereitung

In der Phase der **Datenaufbereitung** wird die Datenbasis für die nachfolgenden Auswertungen vorbereitet. Unter Umständen hat der Mandant das Journal aufgrund der Größe der Gesamtdatei in einzelne Monate aufgesplittet. Diese sollten dann vor den eigentlichen Journal Entry Tests zu einer Gesamtjournaldatei zusammengeführt werden. Hier findet

19 Sofern der Menüpunkt Entwicklertools nicht sichtbar ist, kann der Benutzer diesen über den Menüpunkt Datei – Optionen – Menüband anpassen und dort im rechten Fenster den Haken setzen bei Entwicklertools.

somit eine vertikale Verbindung der einzelnen Monatsdateien statt, sprich, die einzelnen Monate werden in einer einzigen Jahresdatei zusammengefasst.

Darüber hinaus muss in Abhängigkeit vom Finanzbuchhaltungssystem das Journal ggf. selbst erstellt werden. Es kann in diesen Fällen bspw. auf mehreren Tabellen basieren. Als Beispiel für die Vorgehensweise zum Aufbau eines Journals sei hier das SAP-System genannt.

Bei einem SAP-System werden für die Erzeugung des Gesamtjournals drei Tabellen benötigt, die Tabellen BSEG, BKPF und SKA1. Die Tabelle BSEG enthält dabei die einzelnen Zeilen des Belegs. Die zugehörigen Belegkopfdaten, also bspw. die sich pro Buchungsbeleg nicht ändernde Belegnummer, die sich nicht ändernden Beleg- und Buchungsdatumsfelder sind in der Tabelle BKPF enthalten. Die Tabelle SKA1 enthält bspw. die Sachkontenbezeichnungen. Damit kann den Sachkonten eine sprechende Bezeichnung bei den Journal Entry Tests mitgegeben werden.

Die drei Tabellen müssen zum Zwecke der Erstellung eines auswertbaren Gesamtjournals miteinander verbunden werden. Zu diesem Zweck werden in einem ersten Schritt die Tabellen BSEG und BKPF miteinander verbunden, sprich, die Datenfelder aus beiden Tabellen sind in einer Gesamtdatei verfügbar. Die aus Schritt 1 erzeugte Gesamtdatei wird dann in einem zweiten Schritt mit der Tabelle SKA1 verbunden.

Zur Verknüpfung der Tabellen wird ein Datenfeld benötigt, welches in beiden Dateien vorhanden ist. Dieses Datenfeld dient dann als Schlüsselfeld, als Verzahnung zwischen den beiden Tabellen. Anders dargestellt: Die Datenfelder der Tabelle BSEG werden nach rechts um die Datenfelder aus der Tabelle BKPF (also z.B. Beleg- und Buchungsdatum) ergänzt. Damit die Erweiterung nach rechts zu sinnvollen Ergebnissen führt, muss ein Kriterium vorhanden sein, welches die Erweiterung steuert. Das ist bei Tabellen, aus denen ein Journal erzeugt werden muss, grundsätzlich die Belegnummer. Die Belegnummer ist in beiden Tabellen vorhanden und steuert das Zusammenspiel der einzelnen Belegzeilen (Tabelle BSEG) mit den Belegkopfdaten (Tabelle BKPF).

In einem ersten Schritt werden somit die Tabellen BSEG und BKPF anhand des Kriteriums bzw. Schlüsselfelds BELNR horizontal miteinander verbunden. Letztendlich werden demnach die Datenfelder in der Tabelle BSEG um die Datenfelder der Tabelle BKPF erweitert. Ergänzend kann in einem zweiten Schritt das so erzeugte Journal um die Sachkontenstammdaten (bspw. die Bezeichnung der Sachkonten) ebenfalls horizontal erweitert werden.

Das so erzeugte Gesamtjournal kann nun für die weitere Aufbereitung und Auswertung verwendet werden. **Abb. 3.2** stellt diese Zusammenhänge grafisch dar.

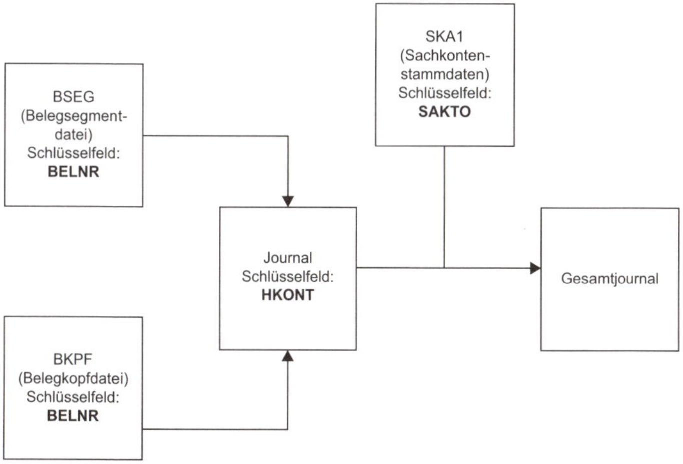

Abb. 3.2 SAP-Gesamtjournal

Praxistipp:
Die GDPdU-konformen Daten beinhalten oftmals bereits entsprechende Verknüpfungen bzw. ein vollständiges Gesamtjournal. Dieses kann dann, möglichst selektiert auf die benötigten Felder, verwendet werden.

Ferner besitzen die Betragsfelder in vielen Finanzbuchhaltungsprogrammen ein getrenntes Soll-Haben-Kennzeichen.[20] Im Zuge der Aufbereitung hat es sich in der Praxis bewährt, ein eigenes Datenfeld zu erzeugen, welches als Inhalt die Soll-Salden positiv und die Haben-Salden negativ darstellt. Diese Darstellung entspricht der üblichen Handhabung von Betragsfeldern in den Finanzbuchhaltungsprogrammen.

In dem Journal werden, wie bereits dargestellt, die einzelnen Belegzeilen ausgegeben. Dies hat zur Folge, dass Selektionen über den Betrag zu fehlerhaften Auswertungsergebnissen führen können. Sollte bspw. die

20 Als Beispiel sei hier DATEV genannt.

Wesentlichkeitsgrenze bei 10.000 € liegen, kann eine Selektion über das Betragsfeld zu einer falschen Eingrenzung führen.

Beleg	Belegzeile	Betrag in EUR	Betrag in EUR (bearbeitet)	Soll-Haben-Kennzeichen
100000000	1	1.500,00	1.500,00	S
100000000	2	9.000,00	9.000,00	S
100000000	3	6.500,00	–6.500,00	H
100000000	4	4.000,00	–4.000,00	H

Tab. 3.5 Auszug Buchungsjournal, Summenbildung

Bei einer Auswertung, die als Betragsgrenze die o.g. 10.000 € vorsehen würde, wird dieser Beleg nicht in der Stichprobe erscheinen, da jedes Betragsfeld unterhalb der Wesentlichkeitsgrenze liegt. Dennoch ist offensichtlich, dass die Summe der Soll-Buchungen die Wesentlichkeitsgrenze übersteigt. Hier hat sich bewährt, bereits in der Phase der Datenaufbereitung eine ergänzende Summenspalte pro Beleg einzufügen. Als Belegsumme wird hierbei die Summe der Soll- oder Haben-Buchungen verstanden. Im Ergebnis würde sich demnach folgendes Bild ergeben:

Beleg	Beleg-zeile	Betrag in EUR	Betrag in EUR (bearbeitet)	Soll-Haben-Kennzeichen	Beleg-summe
100000000	1	1.500,00	1.500,00	S	10.500,00
100000000	2	9.000,00	9.000,00	S	10.500,00
100000000	3	6.500,00	–6.500,00	H	10.500,00
100000000	4	4.000,00	–4.000,00	H	10.500,00

Tab. 3.6 Auszug Buchungsjournal, Summenbildung ergänzt

Bei der Durchführung von Journal Entry Tests kann somit ergänzend die Belegsumme als Auswertungskriterium mitverwendet werden. In der praktischen Umsetzung kann dies bei Verwendung von Microsoft Excel mit der SUMMEWENN-Funktion gelöst werden. Wenn hier das Belegfeld als Summierungskriterium verwendet wird, muss eine Division durch zwei erfolgen, da die Summe des Betragsfelds alle Belegzeilen umfasst. In der **Tab. 3.6** würden sich bspw. 21.000,00 €, dividiert durch zwei, also 10.500,00 € ergeben. Bei Verwendung eines Prüfungsprogramms (z.B. ACL) sind keine gleichlautenden Funktionen verfügbar. Aus dem Journal kann jedoch eine summierte Datei über das Kriterium „Beleg" mit der Zwischensumme Betrag generiert werden. Das Betragsfeld muss dann ebenfalls durch zwei dividiert werden. Alternativ kann die Summierung auch unter der Bedingung vorgenommen werden, dass nur Soll-Salden einbezogen werden; dann fällt die Division ersatzlos weg. Dass über den jeweiligen Beleg summierte Betragsfeld kann im Anschluss mittels des Menüpunkts Daten – Zusammenführen wieder als weitere Spalte an das Journal angehängt werden. Im Ergebnis ergibt sich auch hier die in **Tab. 3.6** dargestellte Struktur.

i

Hinweis:
Erfolgt eine Summierung des Betrags pro Beleg in einem Journal mit Soll-Haben-Kennzeichen, muss der Betrag jeweils durch zwei dividiert werden, da Soll- und Haben-Beträge jeweils das gleiche (positive) Vorzeichen besitzen. Anderenfalls wäre die Belegsumme verdoppelt.

Da im Regelfall die Daten aus verschiedenen Finanzbuchhaltungssystemen stammen, ist die Bezeichnung der Datenfelder nicht einheitlich. Um die Journal Entry Tests nicht mehrfach neu aufsetzen zu müssen, sollte die Struktur des Datensatzes vereinheitlicht werden. Dieses Vorgehen ist insbesondere bei einer Automatisierung, also dem Arbeiten mit Makros oder Skripten, sinnvoll.

Die üblicherweise durchgeführten Journal Entry Tests können in diesem Fall einmal umgesetzt werden. Änderungen und/oder Erweiterungen müssen dann nur einmal (für alle) angepasst werden.

Die vom Mandanten erhaltenen Daten werden zu diesem Zweck auf die gewünschte Struktur übergeleitet. Beispielsweise könnte der Datensatz für die Standard Journal Entry Tests den folgenden Aufbau besitzen:

Feldname	Typ	Länge	Dezimal	Beschreibung
Beleg	Zeichen	10		Belegnummer
Belegdatum	Datum	10		Belegdatum im Beleg, Format: TT-MM-JJJJ
Buchungsdatum	Datum	10		Buchungsdatum im Beleg, Format: TT-MM-JJJJ
Erfassungsdatum	Datum	10		Erfassungsdatum im Beleg, Format: TT-MM-JJJJ
Geschäftsjahr	Zeichen	4		Geschäftsjahr
Periode	Zeichen	2		Buchungsperiode
Benutzer	Zeichen	7		Erfasser/Benutzername
Betrag	Nummerisch	10	2	Betrag in Hauswährung

Feldname	Typ	Länge	Dezimal	Beschreibung
Sachkonto	Zeichen	10		Sachkonto im Hauptbuch
Text	Zeichen	20		Buchungstext
SHKZ	Zeichen	1		Soll-Haben-Kennzeichen

Tab. 3.7 Standarddatensatz

Die Feldnamen aus der vom Mandanten erhaltenen Journaldatei weisen anstelle der o.g. Bezeichnungen bspw. Belegnummer, Belegdatum, Buchungsdatum, CPU-Datum, Jahr, Periode, Benutzer, Betrag, Konto, Text und Soll-Haben-Kennzeichen auf. Der erhaltene Datensatz sollte nun auf die Grundstruktur überführt werden. Bei Verwendung von Microsoft Excel können die Feldnamen an die gewünschte Struktur angepasst werden. Sofern ein spezielles Prüfungsprogramm, bspw. ACL, eingesetzt wird, kann die Überleitung entweder manuell in der Tabellendefinition oder maschinell via Skript[21] vorgenommen werden.

Praxistipp:
Insbesondere sofern Journal Entry Tests automatisiert werden, ist eine einheitliche Struktur des Datensatzes sinnvoll. Änderungen und/oder Erweiterungen müssen dann nur einmal umgesetzt werden.

3.5 Durchführung der Journal Entry Tests

Weitergehende Erläuterungen zu den einzelnen Datenfeldern und Auswertungen erfolgen bei den jeweiligen Abfragen in Kapitel 4.

3.6 Interpretation der Ergebnisse

Die Interpretation der Ergebnisse ist zentraler Bestandteil der Journal Entry Tests. Eine reine Abarbeitung und Ablage in den Arbeitspapieren ist nicht zielführend. Ferner sollten prüfungsindividuell sinnvolle Journal Entry Tests ausgewählt und umgesetzt werden. Beispielsweise ist es bei einer Vermietungsgesellschaft, die auf ihren Umsatzerlöskonten nur jeweils immer zwölf Miet- und Nebenkostenbuchungen pro Objekt und Geschäftsjahr verzeichnet, eine Auswertung nach Erfasser pro Monat nur bedingt

[21] Bei Einsatz eines Skripts würde der Befehl innerhalb des Skripts wie folgt aussehen (es wird eine neue Datei mit dem Namen JournalNeu erzeugt): Extract Belegnummer as „Beleg“ Belegdatum Buchungsdatum CPUDatum as „Erfassungsdatum“ Jahr as „Geschäftsjahr“ Periode as „Buchungsperiode“ Benutzer Betrag Konto as „Sachkonto“ Text SHKZ To JournalNeu.

zielführend. Hier wäre eine Auswertung, dass es tatsächlich immer zwölf Buchungen sind und die Objekte auch tatsächlich noch vermietet werden, zielführender. Die Frage nach dem „Wo" (auf welchen Konten) und „Wann" (erfolgte die Erfassung) können sinnvoll beantwortet werden, die Frage nach dem „Wer" (hat den Geschäftsvorfall erzeugt) oder „Was" soll damit abgebildet werden, ergibt sich bereits aus dem Geschäftszweck, der Vermietung von Objekten, selbst.

Praxistipp:
Die durchzuführenden Journal Entry Tests müssen sich an den Gegebenheiten des zu prüfenden Mandanten orientieren bzw. entsprechend ausgewählt werden. Dies sollte gemeinsam (Fachprüfer und IT-Prüfer) erfolgen. Nur so können die erzielten Ergebnisse zielerichtet interpretiert und für die weitere Prüfung verwendet werden.

Darüber hinaus sollte die Interpretation der Ergebnisse gemeinsam mit den Prüfern des jeweils zugehörigen Prüffelds erfolgen. Ohne Verständnis für die Herangehens- und Vorgehensweise der Journal Entry Tests „schweben" diese im Raum und werden nicht weiterverwendet bzw. als „Nice to have"-Auswertung in den Arbeitspapieren abgelegt. In der Praxis hat sich bewährt, dass die durchzuführenden Journal Entry Tests gemeinsam zwischen den Prüffeldverantwortlichen und dem IT-Prüfer, der oftmals die Umsetzung der Auswertungen vornimmt, bereits im Vorfeld abgestimmt und die erwarteten Ergebnisse vorbesprochen werden. So erfolgt von Beginn an eine Integration in den Prüfungsablauf. Die Journal Entry Tests sollen einen Einstieg in die Maße des elektronisch vorhandenen Buchungsstoffs geben. Auf die Ergebnisse der Journal Entry Tests kann im weiteren Verlauf der Prüfung durch ergänzende und erweiternde Datenanalysen aufgebaut werden.

Die Ergebnisse der Journal Entry Tests können neben der Beantwortung der sieben „W-Fragen", die Funktionalität von Kontrollen im Rahmen der Prüfung des Internen Kontrollsystems bestätigen, aber auch deren Schwächen aufzeigen. Darüber hinaus können sich Unplausibilitäten ergeben, denen weiter, in vertiefenden Datenanalysen, nachgegangen werden kann.

Zur detaillierten Interpretation der einzelnen Journal Entry Tests wird auf die Ausführungen in dem folgenden Kapital verwiesen.

4 Prüfungsziele und Erläuterung der einzelnen JET-Abfragen

4.1 Prüfungsziele in Verbindung mit JET

Die von den gesetzlichen Vertretern des zu prüfenden Unternehmens in der Rechnungslegung gemachten Aussagen stellen ausdrückliche oder implizit enthaltene Erklärungen dar. Diese muss der Abschlussprüfer, soweit sie die Rechnungslegung betreffen, auf mögliche falsche Aussagen hin beurteilen. Die wesentlichen Aussagen in der Rechnungslegung[22] müssen dabei grundsätzlich Folgendes abdecken:

Aussage	Abkürzung	Beschreibung
Vollständigkeit	VS	Alle Geschäftsvorfälle, Ereignisse, Vermögensgegenstände, Schulden oder sonstige Angaben in der Rechnungslegung, die erfasst werden müssen, wurden erfasst.
Genauigkeit	G	Alle Geschäftsvorfälle, Ereignisse, Vermögensgegenstände, Schulden oder sonstige Angaben in der Rechnungslegung sind zutreffend, angemessen und mit den richtigen Beträgen angegeben.
Vorhandensein/Eintritt	VH/E	Alle Geschäftsvorfälle, Ereignisse, Vermögensgegenstände und Schulden sind vorhanden und eingetreten und dem Unternehmen zuzurechnen.
Periodenabgrenzung	PA	Geschäftsvorfälle und Ereignisse wurden in der richtigen Berichtsperiode erfasst.
Bewertung/Zuordnung	B	Vermögensgegenstände, Schulden und Eigenkapital sind im Abschluss mit den zutreffenden Beträgen und den damit verbundenen Anpassungen der Bewertung oder Zuordnung angemessen vorgenommen.
Zurechnung	Z	Alle Geschäftsvorfälle, Ereignisse, Vermögensgegenstände und Schulden sind dem Unternehmen zuzurechnen.
Ausweis/Verständlichkeit	A	Rechnungslegungsinformationen sind angemessen und verständlich dargestellt und erläutert und die Angaben sind deutlich formuliert.

Tab. 4.1 Aussagen in der Rechnungslegung

Den bereits in 1.4.8 identifizierten Journal Entry Tests können die in **Tab. 4.1** genannten Aussagen in der Rechnungslegung wie folgt zugeordnet werden:

22 Vgl. IDW Praxishandbuch zur Qualitätssicherung, Meilenstein 5.

Journal Entry Test	VS	G	VH/E	PA	B	Z	A
Anzahl Buchungen pro Erfasser	X		X			X	
Manuelle Buchungen auf eigentlichen Automatikkonten							
Soll-Buchungen auf Umsatzerlösen sowie Statistik der Umsatzerlöse	X	X		X			
Buchungen mit ungewöhnlichen Buchungstexten	X		X	X		X	
Gegenkontenanalyse		X	X				
Hohe Auszahlungen bei Kassenkonten			X				
Zeitnahes Erfassen und zeitnahes Buchen	X			X			
Buchungen an Wochenenden und Feiertagen	X		X				
Doppelte Buchungen		X	X			X	
Gerundete Ziffern vor dem Komma		X					
Belegnummernlückenanalyse	X						
Buchungen über Schnittstellen	X	X	X	X			

Tab. 4.2 Journal Entry Tests und Aussagen in der Rechnungslegung

Durch zeitnahes Erfassen und Buchen soll sichergestellt werden, dass ein enger zeitlicher Zusammenhang zwischen den einzelnen Vorgängen und ihrer buchmäßigen Erfassung besteht. Der Begriff der Zeitgerechtheit umfasst somit sowohl die zeitnahe Erfassung als auch die zeitnahe Buchung. Damit soll sichergestellt werden, dass in der Zeit zwischen der Entstehung des Geschäftsvorfalls und seiner Verbuchung keine Umstände eintreten, die verhindern könnten, dass die Buchung nicht ordnungsgemäß vorgenommen wird.

Eine verzögerte Erfassung von zu buchenden Geschäftsvorfällen und Ereignissen kann u.a. Ursache für eine mangelnde Vollständigkeit sein. Ebenso besteht ein höheres Risiko, dass die Abgrenzung der jeweiligen Berichtsperiode nicht ordnungsgemäß ist.

Darüber hinaus können Buchungen an Wochenenden und Feiertagen ausgewertet werden. Neben der vollständigen Erfassung steht hier der Eintritt, das tatsächliche Stattfinden der Geschäftsvorfälle und die Ereignisse im Vordergrund. Wie im weiteren Verlauf erläutert, sind Buchungen an Wochenenden und Feiertagen nicht per se fehlerhaft, können aber auf mögliche Manipulationen hindeuten. Bei Buchungen mit ungewöhnlichen Buchungstexten kommt ergänzend die Frage hinzu, ob der abgebildete Sachverhalt tatsächlich dem Unternehmen zuzurechnen ist.

Die Ermittlung der Anzahl der Buchungen pro Erfasser fällt ergänzend in den Bereich der Prüfung der generellen IT-Kontrollen, da hier in Teilen auch System- bzw. automatische Benutzer in die Betrachtung mit einbezogen werden.

Die Statistik der Umsatzerlöse gibt u.a. vertiefende Kenntnisse über die Geschäftstätigkeit. Neben der Vollständigkeit werden Fragen zur Genauigkeit beantwortet, sprich, ob die Umsatzerlöse auf den richtigen Konten erfasst worden sind. Insbesondere in der Kombination mit der Anzahl der Buchungen pro Erfasser wird deutlich, dass die Ergebnisse der Journal Entry Tests ohne Weiteres auch für Teilbereiche der Prüfung des Internen Kontrollsystems verwendet werden können.

Anhand der Gegenkontoanalyse können Aussagen zur Genauigkeit, insbesondere zur Erfassung der Geschäftsvorfälle und Ereignisse auf den richtigen Konten, getroffen werden.

Journal Entry Tests sollten bei ihrer Auswertung bzw. Interpretation der Ergebnisse nicht losgelöst von der übrigen Prüfung betrachtet werden. Ein Teil der Auswertungen bzw. Ergebnisse kann ergänzend zur Beurteilung der Wirksamkeit des Internen Kontrollsystems verwendet werden. Dies sollte bereits bei der Planung der Journal Entry Tests Berücksichtigung finden.

4.2 Erläuterung einzelner JET

4.2.1 Anzahl Buchungen pro Erfasser

Ziel dieser Auswertung ist die Ausgabe der Buchungen pro Erfasser. Es soll also die Frage nach dem „Wer" hat „Wo" gebucht sichtbar gemacht werden. Ferner wird erkennbar, welche Benutzer in welchen Umfang auf welchen Konten gebucht haben. Nicht personalisierte Benutzer können erkannt und in einem weiteren Schritt getrennt geprüft werden. Des Weiteren werden Buchungen von nicht berechtigten Mitarbeitern ersichtlich.

Folgende Felder werden für die Auswertung benötigt:

- Beleg,
- Belegdatum (nur hilfsweise),
- Buchungsdatum (nur hilfsweise),

- Erfassungsdatum (nur hilfsweise),
- Buchungsperiode,
- Erfasser,
- Betrag,
- Sachkonto,
- Soll-Haben-Kennzeichen (wenn nicht das Betragsfeld bereits mit positiven/negativen Vorzeichen versehen worden ist),
- Belegsumme (nur hilfsweise, wenn Eingrenzungen über den Betrag vorgenommen werden sollen).

Die **Tab. 4.3** gibt eine Übersicht, über die im aktuellen Geschäftsjahr buchenden Benutzer:

Erfasser/ Benutzer	Anzahl der Belege	Prozent der Anzahl	Prozent des Betrags	Betrag in EUR
*.	8	0,01%	0,01%	312.715,93
AB	180	0,34%	0,13%	4.130.403,20
AU	25.948	48,34%	32,27%	1.007.616.066,74
GS	8.507	15,85%	3,55%	110.857.114,14
JJ	3.364	6,27%	54,18%	1.691.570.529,97
NH	1.993	3,71%	0,87%	27.139.344,31
PR	1.424	2,65%	0,19%	5.876.939,54
PS	190	0,35%	0,86%	26.769.472,80
SS	126	0,23%	0%	33.908,84
YY	11.938	22,24%	7,94%	247.735.869,68
Summen	53.678	100%	100%	3.122.042.365,15

Tab. 4.3 Übersicht der Erfasser

In die zu prüfende Stichprobe sollten auf jeden Fall nicht personalisierte Benutzer einfließen. In **Tab. 4.3** wären es die Buchungen des Benutzers *. Je nach Finanzbuchhaltungssystem können nicht personalisierte Benutzer unterschiedliche Darstellungsformen haben. Eine Referenzliste der im System vorhandenen Benutzer einschließlich deren Klarnamen (sofern vorhanden) muss in dem Unternehmen vorliegen. Diese kann einer erstellten Journalauswertung gegenübergestellt werden. Erkennbar werden dadurch auch Benutzer, die nur wenige Buchungen im System erfasst haben oder gar nicht bzw. auf den ausgewählten Konten nicht hätten buchen dürfen.

In **Tab. 4.3** wären die Benutzer AB, PS und SS zu hinterfragen. Die erzeugten Einzelauswertungen pro Benutzer sollten nach weiteren Auffälligkeiten selektiert bzw. gefiltert werden, um die Stichprobe der einzusehenden Belege weiter zu reduzieren. Oftmals ergeben sich bei einer weiteren Selektion Erkenntnisse und Hinweise, auf deren Basis die Einzelfallprüfungen nochmals deutlich reduziert werden können.

Aus einer so erzeugten Übersicht (**Tab. 4.3**) werden nach Gegenüberstellung mit der bereits angesprochenen Referenzliste der Benutzer automatische, technische oder auch Systembenutzer ersichtlich. Diese Erkenntnisse können mit in die IKS-Prüfung einfließen. Unter der Annahme, dass der Benutzer AU ein maschineller Benutzer ist, können die Konten, auf denen der Benutzer gebucht hat, mit den Erkenntnissen aus der IKS-Aufnahme abgeglichen werden. Beispielsweise sollte bei einem System mit einer automatischen Buchungsübernahme von Personaldaten aus einem Vorsystem nur der automatische Benutzer auf die definierten Hauptbuchkonten buchen. Erkennbar werden also Fehlbuchungen bzw. fehlerhafte Einstellungen des automatischen Benutzers, aber auch manuelle Buchungen auf Konten, die (eigentlich) nur für maschinelle Benutzer eingerichtet sind. Manuelle Buchungen auf grundsätzlich gesperrten Konten können dazu verwendet werden, Buchungen zu verschleiern bzw. schwerer „auffindbar" zu machen. Oftmals sind auf diesen Konten unzählige Einzelbuchungen der maschinellen Benutzer vorhanden, sodass diese Konten nicht bei einer manuellen Stichprobenauswahl berücksichtigt werden. Zu denken wäre an Umsatzerlöskonten, die eigentlich nur von automatischen Benutzern gebucht werden sollen und üblicherweise auch für manuelle Buchungen gesperrt sind. Sofern auf diesen Konten manuelle Buchungen vorhanden sind, werden sie durch die dargestellte Auswertung sichtbar.

Eine weitere Filterung auf die Buchungen des Benutzers AU ergibt folgende Darstellung:

Sachkonto	Anzahl der Belege	Prozent der Anzahl	Prozent des Betrags	Betrag in EUR
602400	7.634	29,42%	0,54%	5.472.934,03
602700	5.962	22,98%	45,95%	463.008.763,53
609030	4.712	18,16%	25,18%	253.749.571,92
609060	3.232	12,46%	16,33%	164.539.474,35
609100	3.911	15,07%	0,41%	4.178.235,00
615100	496	1,91%	11,58%	116.657.087,91
684105	1	0%	0,00%	10.000,00
Summen	25.948	100%	100%	1.007.616.066,74

Tab. 4.4 Übersicht Konten des Benutzer AU

Da es sich um einen maschinelle Benutzer handelt, können die bebuchten Konten spätestens im Rahmen der IKS-Prüfung auf ihre Ordnungsmäßigkeit geprüft werden. Bei der Buchung auf dem Konto 684105 handelte es sich (hier) um eine Testbuchung, die nicht im Produktivsystem hätte durchgeführt werden dürfen.

Im Rahmen dieses Journal Entry Tests kann als weiterführende Datenanalyse geprüft werden, ob auf diesen grundsätzlich maschinell zu bebuchenden Konten noch weitere manuelle Buchungen erfolgt sind. Unter der Annahme, dass das Konto 609030 nur durch den Benutzer AU bebucht werden soll, ergibt eine weitergehende Auswertung folgendes Bild:

Erfasser	Anzahl der Belege	Prozent der Anzahl	Prozent des Betrags	Betrag in EUR
AU	4.712	99,87%	100,00%	253.749.571,92
PR	6	0,13%	0,00%	425,28
Summen	4.718	100%	100%	253.749.997,20

Tab. 4.5 Übersicht Erfasser für Konto 609030

Erkennbar wird, dass weitere manuelle Buchungen auf dem Konto durch den Benutzer PR erfasst worden sind.

Der Erkenntnisgewinn aus der Anzahl der Buchungen pro Erfasser kann durch Verwendung einer Kreuztabelle erhöht werden. Die zu buchenden Erfasser lassen sich in einer Monatsübersicht darstellen. Dadurch kann ergänzend die Information gewonnen werden, wer, wann und in welcher Regelmäßigkeit gebucht hat. Häufungen auf einzelne Zeiträume, bspw. auf den Zeitraum der Abschlussaufstellung, lassen sich gut erkennen.

Die nachfolgende Übersicht zeigt eine entsprechende Darstellung, wobei vorab eine Selektion auf die Umsatzerlöskonten vorgenommen wurde:

Buchungsperiode	Benutzer BB	Benutzer GS	Benutzer NH	Benutzer PR	Benutzer YY
1	4.307,63	–332.028,17	–561.194,87	0,00	1.768.605,03
2	25.828,92	–323.923,79	–1.438.113,68	0,00	1.640.282,41
3	0,00	1.351.985,12	0,00	–16.742,94	1.777.178,25
4	0,00	1.818.533,22	0,00	0,00	2.258.271,35
5	0,00	930.417,90	0,00	0,00	1.790.588,76

Buchungs-periode	Benutzer BB	Benutzer GS	Benutzer NH	Benutzer PR	Benutzer YY
6	0,00	2.139.482,62	59.669,90	0,00	1.666.052,50
7	0,01	1.410.211,32	458.675,17	0,00	1.269.064,47
8	0,00	824.837,57	377.100,11	0,00	1.324.599,56
9	1.344.630,96	1.116.950,74	27.489,49	0,00	2.190.921,51
10	0,00	913.626,19	0,00	0,00	1.931.828,18
11	410.036,97	1.752.671,31	0,00	0,00	4.422.401,53
12	380.893,73	1.107.234,49	−2.300,81	0,00	1.587.252,67
14	0,00	0,00	0,00	0,00	−1.072.059,00
15	0,00	0,00	0,00	0,00	10.683.294,15
Summen	2.165.698,22	14.021.902,44	2.919.942,41	−16.742,94	33.238.281,37

Tab. 4.6 Kreuztabelle Umsatzerlöse, Buchungsperiode und Benutzer

Die Buchungsperioden 14 und 15 sind Sonderperioden, die oftmals für Abschlussarbeiten zur Verfügung stehen. Ersichtlich wird, dass der Benutzer PR äußerst selten, die Benutzer GS und YY hingegen regelmäßig buchen. Als Besonderheit wäre der Benutzer BB zu nennen. Dessen sporadische Buchungen können in weiteren Schritten selektiert und auf Richtigkeit und Ordnungsmäßigkeit geprüft werden. Hinzu kommt, dass der Benutzer PR auf den Umsatzerlösen nur Soll-Salden erfasst hat, die ggf. jedoch unterhalb der Wesentlichkeitsgrenze liegen könnten.

4.2.2 Manuelle Buchungen auf „eigentlichen" Automatikkonten

Automatikkonten sollten grundsätzlich keine manuellen Buchungen enthalten. Unter Automatikkonten werden Konten verstanden, die nur im Rahmen einer anderen Buchung mitgebucht werden. Beispielsweise werden in vielen Finanzbuchhaltungssystemen die Umsatz- und Vorsteuer anhand des verwendeten Steuerschlüssels automatisch auf den zugeordneten Umsatz- und Vorsteuerkonten erfasst. Auf diesen Konten sollten sich demnach keine manuellen Buchungen finden lassen. Die Fragestellung lautet demnach „Was" wurde „Wo" gebucht.

Praxistipp:
Automatikkonten sind grundsätzlich für manuelle Buchungen gesperrt. Dies sollte im Rahmen der Journal Entry Tests zielgerichtet überprüft werden.

Zu Analysezwecken können die entsprechenden Konten aus dem Journal selektiert und analysiert werden.

4.2.3 Soll-Buchungen sowie Statistik der Umsatzerlöse

Prüfungsziel ist die Beantwortung der Frage nach dem „Was" und „Wo" wurde gebucht. Es sollen Auffälligkeiten entdeckt werden. Zu diesem Zweck können die Soll-Buchungen auf Umsatzerlöskonten ermittelt werden. Zur Eingrenzung der weiteren Stichproben sind zudem Übersichten sinnvoll. Beispielsweise können die Umsatzerlöse in Form einer Kreuztabelle nach Monat oder Erfasser dargestellt werden. Hier lassen sich weitere Erkenntnisse über eine zielgerichtete Stichprobe gewinnen.

Folgende Felder werden für die Auswertung benötigt:

- Beleg,
- Belegdatum (nur hilfsweise),
- Buchungsdatum (nur hilfsweise),
- Erfassungsdatum (nur hilfsweise),
- Buchungsperiode,
- Erfasser,
- Betrag,
- Sachkonto,
- Soll-Haben-Kennzeichen (wenn nicht das Betragsfeld bereits mit positiven/negativen Vorzeichen versehen worden ist),
- Belegsumme (nur hilfsweise, wenn Eingrenzungen über den Betrag vorgenommen werden sollen).

Soll-Buchungen auf Umsatzerlöskonten, die aus dem Journal heraus erzeugt werden, haben i.d.R. einen erheblichen Umfang. Selbst eine Verdichtung auf Belegebene (im Journal wird jeweils die einzelne Belegzeile ausgewiesen) wird die Ergebnisliste im Regelfall nicht in ausreichendem Umfang eingrenzen. Zur Verdichtung bzw. Summierung auf die einzelnen Buchungszeilen auf Belegebene wird auf die Ausführungen unter 3.4 verwiesen.

Denkbar ist, im Rahmen des Journal Entry Testings eine Betragsgrenze als Wesentlichkeitsgrenze festzulegen. Sinnvoller ist es jedoch, die Soll-Buchungen nach Buchungsmonat oder Erfasser weiter zu differenzieren, um auf dieser Basis zielgerichteter die Einzelfallstichprobe auswählen zu können.

Buchungs-periode	Benutzer BB	Benutzer GS	Benutzer NH	Benutzer PR	Benutzer YY
1	0,00	13.862,08	0,00	0,00	0,00
2	0,00	114,57	15.000,00	0,00	6.778,38
3	0,00	459,99	0,00	16.742,94	969.283,28
4	0,00	45.446,22	0,00	0,00	0,00
5	0,00	14.068,04	0,00	0,00	28.096,14
6	0,00	16.040,00	0,00	0,00	189.929,04
7	148.367,90	11.392,98	0,00	0,00	78.523,20
8	0,00	34.765,44	1.812,02	0,00	19.090,16
9	0,00	173.117,08	0,00	0,00	617.828,64
10	0,00	4.218,16	0,00	0,00	0,00
11	177,00	15.497,61	0,00	0,00	42.517,22
12	0,00	502.991,60	2.300,81	0,00	82.729,70
14	0,00	0,00	0,00	0,00	1.256.110,91
15	0,00	0,00	0,00	0,00	3.190.593,39
Summen	148.544,90	831.973,77	19.112,83	16.742,94	6.481.480,06

Tab. 4.7 Kreuztabelle Soll-Buchungen Umsatzerlöse

Hieraus lassen sich weitere Erkenntnisse ableiten. Der Benutzer YY bucht den überwiegenden Teil der Soll-Buchungen auf den Erlöskonten. Hier sollte im weiteren Verlauf der Prüfung nach den Gründen gefragt werden.

In Abhängigkeit von der zugrunde liegenden Wesentlichkeit können hier die Buchungen des Benutzers BB aus dem Buchungsmonat Juli sowie des Benutzers GS aus den Buchungsmonaten September und Dezember als Stichprobe gewählt werden. Ebenfalls auffällig sind die „glatten" 15.000,00 € des Benutzers NH im Februar.

Die gesamte Auswahl beträgt nunmehr 30 Belegzeilen. Zur besseren Übersicht werden hier als Stichprobe nur die Buchungszeilen mit Beträgen > 10.000 € dargestellt:

Beleg	Beleg-datum	Buchungs-datum	Er-fasser	Betrag	Sach-konto	Buchungs-text
18013130	16.12.2016	20.07.2017	BB	66.382,30	511500	LV, Storno
18013128	16.12.2016	20.07.2017	BB	40.235,60	511500	LV, Storno
18013129	16.12.2016	20.07.2017	BB	20.875,00	511500	LV, Storno
18013127	16.12.2016	20.07.2017	BB	20.875,00	511500	LV, Storno
18014693	21.12.2017	21.12.2017	GS	184.051,91	511500	Payment for Equipment
18014631	21.12.2017	21.12.2017	GS	184.051,91	511500	Payment for Equipment
18014718	18.12.2017	18.12.2017	GS	12.475,52	511210	Raumseg-ment
18014706	03.01.2018	03.01.2018	GS	73.324,76	511500	Verkauf von Hardware

Tab. 4.8 Soll-Buchungen, auffällige Einzelposten

Hieraus wird deutlich, dass mit sinnvollen weiteren Filterkriterien die Zahl der zu prüfenden Einzelfälle deutlich reduziert werden kann.

Als Ergänzung können die Übersichten für die gesamten Umsatzerlöskonten erstellt werden. Hieraus lassen sich ebenfalls Erkenntnisse für die IKS-Prüfung gewinnen. Eine Darstellung in Form einer Kreuztabelle für die Umsatzerlöskonten und den buchenden Benutzer ergibt folgendes Bild:

Konto	Erfasser BB	Erfasser GS	Erfasser NH	Erfasser PR	Erfasser YY
511120	0,00	0,00	0,00	0,00	477.239,21
511130	0,00	12.782,20	2.556,44	0,00	847.001,28
511140	0,00	0,00	0,00	0,00	2.575.285,29
511150	177,00	76.612,09	16.323,44	0,00	39.478.804,14
511210	2.136.433,66	2.400.364,86	668.206,01	16.742,94	6.712.143,48
511310	0,00	48.839,32	31.155,15	0,00	63.823,36
511320	0,00	63.324,90	141.566,90	0,00	0,00
511500	296.735,81	2.089.278,95	206.934,98	0,00	6.169.710,25
511610	0,00	101.086,31	0,00	0,00	38.585,73
511620	0,00	115.432,98	5.165,15	0,00	322.367,94
511630	0,00	102.948,17	0,00	0,00	0,00

Konto	Erfasser BB	Erfasser GS	Erfasser NH	Erfasser PR	Erfasser YY
516700	0,00	99.143,13	205,80	0,00	55.808,33
516710	7.035,37	1.763.888,57	220.172,78	0,00	1.077.378,75
516720	0,00	7.909,00	0,00	0,00	0,00
Summen	2.440.381,84	6.881.610,48	1.292.286,65	16.742,94	57.818.147,76

Tab. 4.9 Kreuztabelle Umsatzerlöse Erfasser

Für die IKS-Prüfung können hier Erkenntnisse gewonnen werden, welcher Erfasser in welchem Umfang auf Umsatzerlöskonten gebucht hat. Hier werden u.a. manuelle Buchungen auf Konten ersichtlich, auf denen nur maschinell buchende Erfasser vorhanden sein sollten. Zudem wird erkennbar, welche Erfasser überhaupt Umsatzerlöse gebucht haben. Die Benutzerkennungen können anhand einer Zuordnungsliste (Benutzerkennung – vollständiger Name) einzelnen Personen oder maschinellen Benutzern zugeordnet werden. Hieraus ergeben sich dann wiederum mögliche Anhaltspunkte für weitergehende Prüfungshandlungen. Sofern einzelnen Benutzer oder Konten für weitergehende Prüfungshandlungen ausgewählt worden sind, können diese analog der Handhabung der Vorgehensweise bei den Soll-Buchungen auf Umsatzerlöskonten zielgerichtet analysiert und für einzelne Stichproben ausgewählt werden.

4.2.4 Buchungen mit ungewöhnlichen Buchungstexten

Buchungen mit ungewöhnlichen Buchungstexten können Hinweise auf zu prüfende Einzelfälle geben. Auch hier soll die Frage nach dem „Was" und „Warum" wurde gebucht beantwortet werden. In Abhängigkeit von dem Suchtext ist eine Selektion auf bestimmte Konten zu empfehlen. Beispielsweise können im Bereich der Umsatzerlöse Suchtexte, wie „Storno", „Retoure", „Berichtigung", „Rücksendung", „Rückgabe" oder „Fehler", zielführend sein.

Ungewöhnliche Buchungstexte sollten mandantenindividuell definiert werden. Allgemein verwendbare Suchtexte können sein:

- Ausbuchung,
- Berichtigung,
- Diverses,
- Error,
- Fehler,
- Gutschrift,

- Irrtum,
- Korrektur,
- Lt.,
- Retoure,
- Rückgabe,
- Rücksendung,
- Storno,
- Test,
- Umkehr,
- Verschrottung,
- XXX.

Ferner sollte nach Buchungen ohne Text gesucht werden.

Zur Begriffssuche im Journal sollten Funktionen verwendet werden, die die Suchbegriffe, unabhängig von ihrer Groß-/Kleinschreibung, an jeder x-beliebigen Stelle im Buchungstext finden.[23]

Folgende Felder werden für die Auswertung benötigt:

- Beleg,
- Belegdatum (nur hilfsweise),
- Buchungsdatum (nur hilfsweise),
- Erfassungsdatum (nur hilfsweise),
- Erfasser,
- Betrag,
- Sachkonto,
- Buchungstext,
- Zuordnung (als Ergänzung/Erweiterung zum Buchungstext),
- Soll-Haben-Kennzeichen (wenn nicht das Betragsfeld bereits mit positiven/negativen Vorzeichen versehen worden ist),
- Belegsumme (nur hilfsweise, wenn Eingrenzungen über den Betrag vorgenommen werden sollen).

Eine Einzelliste aller ungewöhnlichen Buchungstexte kann unter Umständen äußerst umfangreich sein. Hier bietet sich eine weitere Untergliederung an, um die Stichproben unter Risikoaspekten auszuwählen. Bewährt hat sich die Darstellung anhand einer Kreuz- oder Pivot-Tabelle.

23 Bei Verwendung von ACL kann bspw. die Funktion FIND verwendet werden. Bei Microsoft Excel die Funktion SUCHEN.

In der folgenden Tabelle wurden alle Datensätze mit dem Buchungstext „Storno“ gefiltert. Im Anschluss wurden die Datensätze als Kreuztabelle (Spalten: „Benutzer“; Zeilen: „Sachkonto“; jeweils Summe über Betrag) aufbereitet:

Sachkonto	Benutzer BB	Benutzer GS	Benutzer NH	Benutzer YY	Summe
221000	172.106,77	0,00	0,00	0,00	172.106,77
261102	0,00	0,00	0,00	154,72	154,72
261400	0,00	7.513,80	0,00	0,00	7.513,80
267200	0,00	0,00	0,00	6.209,50	6.209,50
281100	8.052,76	0,00	4.450,85	139,94	12.643,55
285010	1.914,24	0,00	0,00	0,00	1.914,24
289000	1.334.412,96	7.368,66	0,00	0,00	1.341.781,62
442000	2.728,10	0,00	0,00	0,00	2.728,10
481200	0,00	0,00	0,00	60.939,11	60.939,11
482400	0,00	0,00	0,00	39,88	39,88
482430	0,00	0,00	0,00	214,23	214,23
488012	0,00	0,00	0,00	22.173.174,78	22.173.174,78
488013	0,00	0,00	0,00	22.105.477,40	22.105.477,40
511310	0,00	0,00	2.300,81	0,00	2.300,81
511500	148.367,90	0,00	0,00	0,00	148.367,90
684100	0,00	145,14	0,00	0,00	145,14
Summen	1.667.582,73	15.027,60	6.751,66	44.346.349,56	46.035.711,55

Tab. 4.10 Kreuztabelle der Buchungen mit dem Text „Storno“ für Sachkonto und Benutzer

Aus der so erzeugten Übersicht können die Stichproben zielgerichteter gezogen werden. In der obigen Tabelle wurde aus Gründen der Übersichtlichkeit die Bezeichnungen der Sachkonten nicht ausgegeben. In der Praxis empfiehlt es sich, diese zur besseren Lesbarkeit ergänzend anzuzeigen.

Bei dem Konto 22100 handelt es sich um Diskontaufwendungen. Stornobuchungen von über 172.000 € geben Anlass zur weiteren Prüfung. Gleiches gilt für die Konten 289000, sonstige betriebliche Erträge und 511500, Umsatzerlöse. Bei den Konten 488012 und 488013 handelt es sich um Verrechnungskonten, die in Summe auf null aufgehen. Der Begriff „Storno“ ist auf diesen Konten demnach nicht ungewöhnlich und stellt auch im Ergebnis kein Risiko dar.

Nach dieser ersten Durchsicht der verdichteten Daten können als nächster Schritt die Einzelposten der genannten Konten selektiert werden (aus Vereinfachungsgründen werden hier nur die Zeilen mit einem Betrag > 50.000 € dargestellt[24]):

Beleg	Beleg-datum	Er-fasser	Sach-konto	Buchungstext	Betrag in EUR
6025037	22.03.2017	BB	289000	Storno!#2032642	166.921,26
6025037	22.03.2017	BB	289000	Storno!#2032642	166.921,26
6025037	22.03.2017	BB	289000	Storno!#2032642	166.921,26
6025037	22.03.2017	BB	289000	Storno!#2032642	166.921,26
6025037	22.03.2017	BB	289000	Storno!#2032642	166.921,26
6025037	22.03.2017	BB	289000	Storno!#2032642	166.921,26
6025037	22.03.2017	BB	289000	Storno!#2032642	166.921,26
6025037	22.03.2017	BB	289000	Storno!#2032642	166.921,26
1801313	16.12.2016	BB	221000	Dezember 2003/Stor-no, falscher Betrag	-77.003,47
1801313	16.12.2016	BB	511500	Leasingvertrag 115974/ Storno, falscher Betrag	66.382,30

Tab. 4.11 Einzelposten ungewöhnlicher Buchungstexte

Im Ergebnis würden aus diesem Prüfungsschritt die beiden in der Tabelle aufgelisteten Belege 6025037 und 1801313 in die Stichprobe gelangen. Da hier keine Verdichtung auf Belegebene vorgenommen wurde, sind in **Tab. 4.11** mehr Zeilen aufgelistet.

4.2.5 Gegenkontenanalyse

In den aktuellen Finanzbuchhaltungssystemen wird der Buchungsstoff in einer mehrzeiligen Darstellung ausgegeben, vgl. die Ausführungen zu **Abb. 2.3**. Eine geschlossene Darstellung der Ermittlung aller Gegenkonten ist daher aufgrund der vorhandenen mehrfachen Zuordnung bspw. eines Soll-Kontos mit mehreren Haben-Konten in einer Buchung nicht möglich. Zur Eingrenzung können u.a. die Gegenkonten für Bankkonten ausgegeben werden. Es stellt sich somit die Frage: „Wo“ wurde gebucht?

24 Ohne diese Filterung ergeben sich 36 Datensätze.

Beispielsweise sind Buchungen „Wareneingang an Bank“ oder „Bank an Wareneingang“ unüblich. Im Regelfall werden diese Buchungen über Personenkonten abgewickelt:

„Wareneingang an Kreditor“ und als weitere Buchung „Kreditor an Bank“.

Korrekturen werden üblicherweise ebenfalls über den Kreditor und nicht „Bank an Wareneingang“ gebucht.

Aus dem Journal lassen sich somit die Bankkonten eliminieren und grundsätzlich gesperrte Gegenkonten ausgeben. Eine Liste von grundsätzlich gesperrten Gegenkonten sollte individuell für jeden Mandanten festgelegt werden. Hilfsweise können auch alle Bankgegenkonten mit einem direkten Bezug zur Gewinn- und Verlustrechnung ausgegeben und weiter selektiert werden. Grundsätzlich sollte keine erfolgswirksame Buchung direkt über die Bankbewegung gebucht sein. Bevor es zu einer Ein- oder Auszahlung kommt, gibt es einen Grund, warum es zu einem Zahlungsfluss kommt. Dieser Grund ist regelmäßig eine Rechnung oder ein sonstiger Beleg. Diese Rechnung oder der sonstige Beleg ist Grundlage einer erfolgswirksamen Buchung, nicht der Zahlungsaus- oder -eingang. Wenn direkt vom Bankkonto gegen ein Erfolgskonto gebucht wird, kann dies auf eine fehlerhafte Periodenzuordnung hinweisen.

Folgende Felder werden für die Auswertung benötigt:

- Beleg,
- Belegdatum (nur hilfsweise),
- Buchungsdatum (nur hilfsweise),
- Erfassungsdatum (nur hilfsweise),
- Buchungsperiode (nur hilfsweise),
- Erfasser,
- Betrag,
- Sachkonto,
- Soll-Haben-Kennzeichen (wenn nicht das Betragsfeld bereits mit positiven/negativen Vorzeichen versehen worden ist),
- Belegsumme (nur hilfsweise, wenn Eingrenzungen über den Betrag vorgenommen werden sollen).

In der praktischen Umsetzung werden aus dem Journal heraus die Buchungen, die Bankkonten betreffen, jeweils getrennt nach Soll- und Haben-Saldo in jeweils eine eigene Datei geschrieben. Die Datensätze werden zu diesem Zweck zunächst nach den Bankkonten und darüber hinaus nach Soll-Salden gefiltert. Die selektierten Datensätze werden im Anschluss in eine getrennte Datei geschrieben. Gleiches kann mit den Haben-Salden erfolgen.

Die Dateien werden dann in einem weiteren Schritt den Buchungen aus der Gewinn- und Verlustrechnung gegenüberstellt. Im Ergebnis wird dadurch folgendes Bild erzeugt:

Bank-konto	Gegenkonto	Beleg	Buchungs-datum	Belegdatum	Betrag in EUR
282013	231500 – Aufwand aus Preisdifferenzen	1016065	22.03.2017	22.03.2017	159.496,46
285020	751000 – Zinsaufwand	1016071	22.03.2017	22.03.2017	19.292,88
285080	751000 – Zinsaufwand	1016073	22.03.2017	22.03.2017	1.935,43
282013	751000 – Zinsaufwand	1016237	22.03.2017	22.03.2017	125.490,97
285020	751000 – Zinsaufwand	1016243	11.04.2017	11.04.2017	16.373,05
285080	689100 – Pachten	1016245	11.04.2017	11.04.2017	2.019,18
282013	800100 – Körperschaftsteuer	1016562	11.04.2017	11.04.2017	148.642,82
285020	800100 – Körperschaftsteuer	1016568	25.04.2017	25.04.2017	14.845,83
285320	800100 – Körperschaftsteuer	1016570	10.05.2017	10.05.2017	2.010,61

Tab. 4.12 Ergebnis Gegenkontoanalyse

Anhand dieser Übersicht können unplausible oder gesperrte Gegenkonten zeitnah festgestellt und geprüft werden. Die in der **Tab. 4.12** ausgewiesenen Bankbuchungen mit den Gegenkonten 231500 – Aufwand aus Preisdifferenzen und 689100 – Pachten würden in der Praxis ausgewählt und geprüft werden. Ergänzend kann diese Übersicht um den Erfasser der Buchung ergänzt werden.

Ferner ist es in Abhängigkeit von dem Umfang der sich aus diesem Journal Entry Test ergebenden Buchungen sinnvoll, weitere Übersichten in Form von Kreuztabellen zu erzeugen; analog der Vorgehensweise bei den Umsatzerlösen in 4.2.3.

Darüber hinaus können die Gegenkonten der Umsatzerlöse analysiert werden. Diese Buchungen können dahingehend geprüft werden, ob Buchungen vorhanden sind, bei denen kein Debitor als Gegenkonto vorhanden ist. Zudem können alle Gegenkonten der Umsatzerlöse ausgegeben werden.

Zur Ermittlung werden hierfür aus dem Journal diejenigen Belege mit Umsatzerlöskonten im Haben eliminiert und eine Verdichtung auf die Belegnummer vorgenommen. In einem ersten Schritt werden somit die Datensätze aus dem Journal auf die Umsatzerlöskonten gefiltert. Diese werden wiederum auf Buchungen mit Haben-Salden selektiert (hierfür kann das Soll-Haben-Kennzeichen verwendet werden). Im nächsten Schritt werden die einzelnen Buchungszeilen auf Belegebene verdichtet bzw. summiert.

Diese Ergebnisdatei wird dann wiederum mit der Journaldatei verbunden, d.h., die verdichteten Informationen aus der Summendatei sind im (erweiterten) Journal verfügbar. Anders ausgedrückt: Das Journal wird um die Datenfelder aus der Summendatei nach rechts erweitert.

Im Ergebnis lassen sich nun alle Belegzeilen filtern, bei denen Umsatzerlöskonten angesprochen sind. Eine verdichtete Übersicht pro Gegenkonto kann (auszugsweise) wie folgt aussehen:

Sachkonto	Bezeichnung	Anzahl Belege	Betrag in EUR
140000	Debitoren Inland I	816	10.358.194,42
141000	Debitoren Inland II	871	8.766.140,28
142000	Debitoren Ausland	112	14.605.840,73
143000	Debitoren Korrekturkonto	153	2.257.047,93
481116	Abschreibungen Sachanlagen	5	1.444.699,71
680500	Aufwand Gewährleistungen	509	101.780,20
683500	Porto	3	925,19

Tab. 4.13 Gegenkonto Umsatzerlöse

In der **Tab. 4.13** sind die Abschreibungen Sachanlagen und Porto voraussichtlich fehlerhaft. Diese Buchungen bzw. Belege sollten dann in die Stichprobe aufgenommen werden. In einer Detailauswertung lassen sich dann alle Belegzeilen der beiden genannten Gegenkonten ausgeben und prüfen.

Aus dem erweiterten Journal können ergänzend die Top-10 der Umsatzerlösbuchungen gefiltert werden. Hierbei ist zu berücksichtigen, dass im Journal die Belegzeilen ausgegeben sind und keine automatische Verdichtung auf Belegebene vorhanden ist. Zur Vorgehensweise wird ergänzend auf die Ausführungen zu **Tab. 3.6** verwiesen.

4.2.6 Hohe Auszahlungen bei Kassenkonten

Hohe Auszahlungen auf Kassenkonten bergen ein grundsätzliches Risiko. Auffälligkeiten sollten stets geprüft werden. „Warum" wurde gebucht, lautet die Kernfrage.

Nach einer Selektion des Journals auf die Haben-Salden der Kassenkonten kann eine weitere Filterung oder eine Gliederung nach der Buchungshöhe vorgenommen werden. Hieraus können in Abhängigkeit vom Mandanten Buchungen zur Prüfung ausgewählt werden. Eine Gliederung kann wie folgt aussehen:

Betrag	Anzahl	Prozent der Anzahl	Prozent des Betrags	Betrag in EUR
–5.000,00 bis –4.000,01	0	0,00%	0,00%	0,00
–4.000,00 bis –3.000,01	7	2,80%	10,25%	–25.748,89
–3.000,00 bis –2.000,01	31	12,40%	27,69%	–69.568,72
–2.000,00 bis –1.000,01	57	22,80%	32,78%	–82.365,11
–1.000,00 bis 0,00	155	62,00%	29,29%	–73.591,01
Summen	250	100,00%	100,00%	–251.273,73

Tab. 4.14 Kassenbuchungen

In der **Tab. 4.14** wurden alle Kassenauszahlungen der Höhe nach gegliedert. Auffälligkeiten sind in diesem Fall keine ersichtlich. Aus so einer Gliederung lassen sich Ausreißer zielgerichtet auswerten und prüfen.

4.2.7 Zeitnahes Erfassen und Buchen

Geschäftsvorfälle müssen zeitnah gebucht werden, d.h., zwischen dem einzelnen Vorgang und dessen Erfassung in der Finanzbuchhaltung muss ein enger zeitlicher Zusammenhang bestehen.[25] Ferner müssen die Geschäftsvorfälle laufend gebucht werden. Eine Sammlung und spätere gebündelte Erfassung verstoßen gegen die Grundsätze ordnungsmäßiger Buchführung (§§ 238 Abs. 1 und 239 Abs. 2 HGB).

Ziel dieser Abfrage nach dem zeitlichen Kontext, dem „Wann", ist es, das Buchungsverhalten hinsichtlich der Zeitgerechtheit zu analysieren. Die Zeitgerechtheit betrifft die Zuordnung der Geschäftsvorfälle zu Buchungs-

[25] „Die Eintragungen in Büchern und die sonst erforderlichen Aufzeichnungen müssen vollständig, richtig, zeitgerecht und geordnet vorgenommen werden" (§ 239 Abs. 2 HGB).

perioden (periodengerecht) sowie die Zeitnähe der Buchungen.[26] In Buchführungs- oder ERP-Systemen werden regelmäßig drei Zeitstempel erfasst.

Zeitstempel	Bedeutung
Erfassungsdatum	tatsächliches Datum (und Uhrzeit) der Erfassung durch einen Benutzer; wird systemseitig automatisch und unveränderlich vergeben
Belegdatum	wird manuell vom Benutzer vergeben und soll dem Datum des zu buchenden Belegs entsprechen, z.B. Rechnungsdatum der Lieferantenrechnung; es dient der Berechnung der Fälligkeit der Rechnung
Buchungsdatum	dient der Zuordnung zur betroffenen Buchungsperiode; bei Lieferungen und Leistungen entspricht es dem Leistungsdatum und wird ebenfalls manuell vom Benutzer vergeben

Tab. 4.15 Zeitstempel in der Buchhaltung

Grundsätzlich ist zu erwarten, dass eine Leistung (Buchungsdatum), bevor sie abgerechnet (Belegdatum), erfolgt ist und anschließend erfasst wird (Erfassungsdatum). Regelmäßig liegt also das Buchungsdatum vor dem Belegdatum, und das Belegdatum liegt vor dem Erfassungsdatum (**s. Abb. 4.1**).

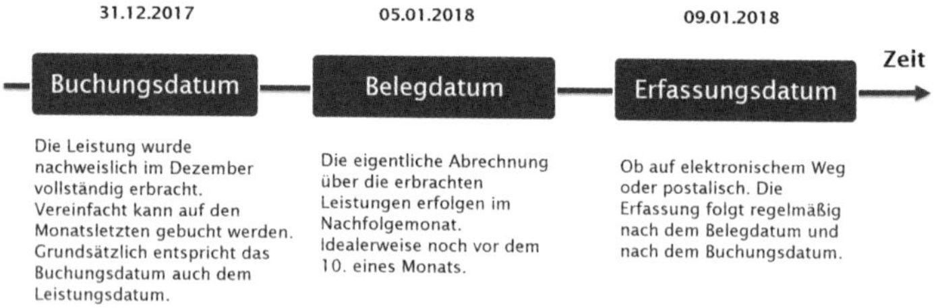

Abb. 4.1 Beispielhafte Darstellung der Zeitstempel

Abweichungen zu diesem Standardfall können Hinweise auf mangelnde Zeitnähe oder falsche Periodenzuordnung der Geschäftsvorfälle geben.

Für die Prüfung der Zeitnähe wird sinnvollerweise das Belegdatum dem Erfassungsdatum gegenübergestellt. Regelmäßig ist zu erwarten, dass jeder Beleg innerhalb weniger Werktage erfasst wird. Die Datumsdifferenzen können für eine bessere Auswertbarkeit und zur weitergehenden Analyse des grundlegenden Erfassungsverhaltens ergänzend in Tagen angegeben werden. Die Auswertung kann zudem auf bestimmte Konten selektiert werden. Die Selektionen werden jedoch immer von dem einzelnen Man-

[26] IDW RS FAIT 1, Tz. 28.

danten und dessen Unternehmensaufbau bzw. dessen Abbildung der Organisation im Finanzbuchhaltungssystem abhängen.

Problematisch bei der Interpretation der Ergebnisse ist, dass das Belegdatum, also bspw. das Rechnungsdatum, nicht dem tatsächlichen Eingangsdatum im Unternehmen entspricht, sondern von dem Belegaussteller vorgegeben ist. Bei Papierrechnungen können, im Gegensatz zu elektronischen Rechnungen, ggf. noch Postlaufzeiten hinzukommen. Dennoch stellt die Differenz, möglichst noch ergänzend nach Zeiträumen gegliedert, einen Indikator für eine zeitnahe Erfassung dar.

i

Hinweis:
Das Erfassungsdatum oder auch CPU-Datum ist das Datum, an dem der Beleg tatsächlich, also physisch, verbucht worden ist. Dieses Datum ist vom Erfasser/Buchenden grundsätzlich nicht änderbar.

Für die Prüfung der Periodengerechtheit kann eine Auswertung der zeitlichen Differenzen zwischen dem Buchungsdatum und dem Belegdatum erfolgen. Es ist zu erwarten, dass Leistungen mindestens regelmäßig monatlich abgerechnet werden. Das hat zur Folge, dass zwischen dem Buchungsdatum und dem Belegdatum eine zeitliche Differenz von mehr als einem Monat als unüblich gesehen werden kann.

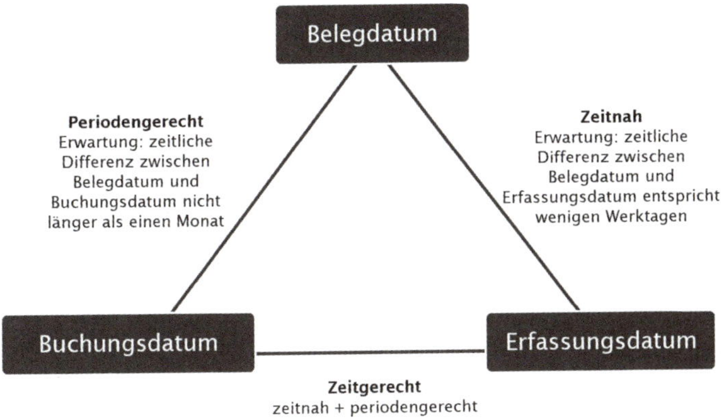

Abb. 4.2 Zeitgerechtheit mit ihren Komponenten Periodengerechtheit und Zeitnähe

Folgende Felder werden für die Auswertungen benötigt:

- Beleg,
- Belegdatum,
- Buchungsdatum (nur hilfsweise und ergänzend),
- Erfassungsdatum,
- Buchungsperiode (nur hilfsweise),
- Erfasser,
- Betrag,
- Sachkonto (nur hilfsweise, wenn weitere Eingrenzungen vorgenommen werden sollen),
- Soll-Haben-Kennzeichen (wenn nicht das Betragsfeld bereits mit positiven/negativen Vorzeichen versehen worden ist),
- Belegsumme (nur hilfsweise, wenn Eingrenzungen über den Betrag vorgenommen werden sollen).

Die **Tab. 4.16** gibt ein Beispiel für eine erste, zeitraumbezogene Übersicht. Als Differenz in Tagen wurde der zeitliche Abstand zwischen Beleg- und Erfassungsdatum ermittelt und wie folgt gegliedert:

Differenz in Tagen	Anzahl der Belege	Prozent der Anzahl	Prozent des Betrags	Betrag in EUR
< 0	3.186	5,94%	0,52%	16.312.510,07
0–0	23.385	43,57%	59,13%	1.846.205.466,97
1–4	13.627	25,39%	29,35%	916.398.144,18
5–9	4.919	9,16%	6,98%	218.000.177,72
10–29	1.595	2,97%	0,72%	22.331.180,66
30–89	746	1,39%	1,72%	53.672.295,60
90–180	2.120	3,95%	0,72%	22.473.806,89
> 180	4.100	7,64%	0,85%	26.648.783,06
Summen	53.678	100%	100%	3.122.042.365,15

Tab. 4.16 Übersicht Differenz in Tagen zwischen Erfassungs- und Belegdatum

Von den ausgewerteten 53.678 Belegen wurden 3.186 bereits vor ihrem Belegdatum physisch in der Buchhaltung erfasst. Bei einer ordnungsgemäßen Datumsvergabe darf es solche Belege grundsätzlich nicht geben. Eine Erfassung am gleichen Tag (Belegdatum = Erfassungsdatum) kann insbesondere bei elektronischen oder elektronisch übermittelten Rechnungen eintreten. Aus der Übersicht wird erkennbar, dass kumuliert betrachtet rund 87% der Belege innerhalb von 30 Tagen gebucht worden sind. Auffällig ist hingegen, dass rund 3,9% der Belege mehr als 90 Tage und 7,6% der Belege sogar erst nach mehr als 180 Tagen im System erfasst werden. Grund kann ein fehlerhaftes Belegdatum sein. Dies kann in Stichproben anhand eines Abgleichs Belegdatum zu Datum des Eingangsstempels nachvollzogen werden.

Praxistipp:
Das Erfassungsdatum eines Belegs kann nicht vor dem Belegdatum liegen. Da dies in der Praxis dennoch häufiger vorkommt, sollte dies ebenfalls ausgewertet werden.

Schwerwiegender wären Mängel im IKS. Ein Mangel im IKS kann u.a. daraus resultieren, dass die Belege nicht zentral bei der Finanzbuchhaltung zur (Vor-)Erfassung, sondern bspw. direkt im Einkauf eingehen (und nicht zeitnah weitergeleitet werden). Hieraus kann es zu systematischen Verzögerungen kommen. Folglich besteht ein erhöhtes Risiko, dass die Belege zum Abschlusszeitpunkt nicht vollständig gebucht sind, es demnach also zu einer fehlerhaften Periodenabgrenzung kommt. Ferner kann eine fehlerhafte zeitnahe Erfassung zu falschen Umsatzsteuervoranmeldungen und auch zu einer fehlerhaften Umsatzsteuerjahreserklärung führen.

Bei der Erzeugung der Auswertung ist zu beachten, dass in dem Journal die einzelnen Buchungszeilen pro Beleg enthalten sind, vgl. hierzu die Erläuterungen unter 2.1. Das bedeutet, dass für die Auswertung die Belege verdichtet bzw. summiert werden sollten. Anderenfalls enthält die Auswertung deutlich mehr Auffälligkeiten als tatsächlich vorhanden sind.

Beleg	Beleg-datum	Buchungs-datum	Erfassungs-datum	Betrag in EUR	Betrag in EUR (angepasst)	Diff. in Tagen
14002235	03.01.2017	18.10.2017	20.10.2017	89,84	89,84	290
14002235	03.01.2017	18.10.2017	20.10.2017	89,84	–89,84	290
1016434	04.01.2017	04.01.2017	04.07.2017	750.415,10	–750.415,10	181
1016434	04.01.2017	04.01.2017	04.07.2017	750.415,10	750.415,10	181
6029194	17.05.2017	14.11.2017	14.11.2017	872,00	–872,00	181
6029194	17.05.2017	14.11.2017	14.11.2017	695,00	695,00	181
6029194	17.05.2017	14.11.2017	14.11.2017	177,00	177,00	181
18014204	03.06.2016	03.10.2017	15.11.2017	558.946,70	558.946,70	530
18014204	03.06.2016	03.10.2017	15.11.2017	558.946,70	–558.946,70	530

Tab. 4.17 Einzelposten Differenz in Tagen zwischen Erfassungs- und Belegdatum

Aus **Tab. 4.17** ist ersichtlich, dass der einzelne Beleg mehrfach in der Auswertung vorhanden ist. Dies resultiert aus der nicht erfolgten Verdichtung über das Belegfeld. Bei einer Verdichtung über das Belegfeld würden in der obigen Tabelle nur vier auffällige Zeilen (Belege) ausgegeben, die Einzelinformationen pro Belegzeile wären dann jedoch nicht mehr verfügbar. Letztendlich ist abzuwägen, welcher Detaillierungsgrad in dem jeweiligen Einzelfall erforderlich ist. Bei einer über das Belegfeld verdichteten Darstellung hat es sich bewährt, das Betragsfeld über das Kriterium „Beleg" zu summieren. Vorteil ist, dass eine bessere Risikoeinschätzung und eine zielgerichtete Stichprobenauswahl anhand des Betrags vorgenommen werden können. Bei einer Summierung sollte bei einem typischen Journal mit Soll-Haben-Kennzeichen nicht das angepasste Feld „Betrag",[27] sondern das Ursprungsdatenfeld „Betrag" verwendet werden. Anderenfalls wäre die Summe pro Beleg immer null, da die Summe der Soll-Salden eines Belegs der Summe der Haben-Salden eines Belegs entsprechen muss. Da bei einer Verwendung des Datenfelds „Betrag (angepasst)" eine Summe über alle Soll- und Haben-Salden pro Beleg erzeugt wird, muss dieser Betrag für eine Risikoabschätzung durch zwei dividiert werden.

Abschlussbuchungen führen regelmäßig zu einer hohen Differenz in Tagen zwischen Beleg- und Erfassungsdatum und erscheinen daher regelmäßig als auffällig in den Ergebnissen. Als Beleg- und auch als Buchungsdatum wird im Regelfall der 31.12. verwendet, die Erfassung erfolgt naturgemäß erst im Rahmen der Abschlussarbeiten, also mit einer gewissen zeitlichen Verzögerung. Um diese Problematik zu umgehen, sollte die Buchungsperiode ergänzend in die Auswertung mit einbezogen werden. Damit können alle Belege aus den Abschlussbuchungsperioden 13–16 herausgefiltert werden. Alternativ ist es denkbar, alle Belege, die als Buchungsdatum den 31.12. besitzen, zu eliminieren. In der praktischen Umsetzung werden beide Alternativen über ergänzende Filterbedingungen gelöst.

Zur Verdeutlichung der durchschnittlichen Zeitdauern pro Erfasser können diese ergänzend ermittelt werden. Die Abschlussbuchungen auf den 31.12. bzw. die Buchungsperioden 13–16 sollten dabei unberücksichtigt bleiben. In dem Buchungsjournal sind die einzelnen Belegzeilen ausgewiesen. Daher ist im Vorfeld eine Summierung über das Feld „Beleg" erforderlich. Die Datumsfelder „Belegdatum", „Erfassungsdatum" sowie deren „Differenz in Tagen" werden dann nur ergänzend mitgegeben. In einem zweiten Schritt

[27] Darstellung der Soll-Salden mit positiven und der Haben-Salden mit negativen Vorzeichen.

erfolgt eine Summierung über das Kriterium „Benutzer“. Hierbei wird die Summe für das Feld „Differenz in Tagen“ gebildet. Die Division durch die Anzahl ergibt letztendlich die gewünschte Durchschnittsbildung.

Erfasser	Durchschnittliche Erfassungszeit	Betrag in EUR
AB	0	4.130.403,20
BB	4	1.007.649.399,74
GS	-1	110.855.211,18
JJ	4	1.691.849.912,90
NH	3	27.139.344,31
PR	1	4.508.130,59
PS	7	26.769.472,80
SS	3	33.908,84
YY	8	209.228.112,29
Summe		3.082.163.895,85

Tab. 4.18 Durchschnittliche Erfassungszeit pro Erfasser

Hieraus wird ersichtlich, dass die durchschnittliche Erfassungszeit, trotz der Einzelfälle mit deutlich mehr als zehn Tagen, bei einer Durchschnittsbetrachtung zeitnah erfolgt. Die Abschlussperioden 13–16 wurden nicht berücksichtigt. Die Übersicht in **Tab. 4.18** dient jedoch lediglich als ergänzende Information über den grundsätzlichen Ablauf im zu prüfenden Unternehmen. Auffällig ist hier, dass der Erfasser GS über alle Erfassungen negativ ist. Dies bedeutet, dass dieser Erfasser eine Vielzahl von Belegen gebucht hat, deren Erfassungsdatum deutlich vor dem Belegdatum liegt.

Ergänzend kann neben der Analyse der Differenz zwischen Beleg- und Erfassungsdatum eine Auswertung der Differenz in Tagen zwischen Buchungs- und Erfassungsdatum erstellt werden. Hieraus lassen sich ebenfalls Rückschlüsse auf das Buchungsverhalten ziehen.

Differenz in Tagen	Anzahl der Belege	Prozent der Anzahl	Prozent des Betrags	Betrag in EUR
< 0	2.528	4,71%	0,38%	12.019.425,95
0–0	22.127	41,22%	5,76%	179.731.091,99
1–4	15.475	28,83%	83,03%	2.592.286.523,21
5–9	4.571	8,52%	6,77%	211.251.178,82
10–29	1.433	2,67%	0,76%	23.630.563,18
30–89	702	1,31%	1,72%	53.741.648,15
90–180	1.992	3,71%	0,57%	17.838.170,09
> 180	4.850	9,04%	1,01%	31.543.763,76
Summen	53.678	100%	100%	3.122.042.365,15

Tab. 4.19 Übersicht Differenz in Tagen zwischen Erfassungs- und Buchungsdatum

Auch hieraus wird deutlich, dass die zeitnahe Erfassung nicht sichergestellt ist. Es ist eine Vielzahl von Belegen vorhanden, deren Buchungsdatum deutlich von dem Erfassungsdatum abweicht, d.h. Belege, die buchhalterisch (physisch) bspw. im Juli vom Benutzer erfasst wurden, letztendlich als gebucht aber im Januar erscheinen (rückwirkend).

Daraus können ebenfalls Rückschlüsse auf die Wirksamkeit des IKS beim Öffnen und Schließen von Buchungsperioden gezogen werden. Die Buchungsperiode steuert grundsätzlich die Zuordnung einer Buchung zu den jeweiligen Monaten. Bei einer (üblichen) monatlichen Unterteilung sind somit zwölf Buchungsperioden vorhanden, die – je nach System – um vier weitere Sonderperioden für Abschlussarbeiten ergänzend sind (in Summe sind dann 16 Buchungsperioden vorhanden). Nach Fertigstellung des jeweiligen Monatsabschlusses sollte die entsprechende Buchungsperiode geschlossen werden. So wird vermieden, dass Buchungen nach dem monatlichen Buchungsschluss noch in diesem Monat erfasst werden können. Da nach Buchungsschluss die Umsatzsteuervoranmeldungen erstellt werden, käme es im Falle einer nachträglichen Buchung (nach Erstellung der monatlichen Umsatzsteuervoranmeldung) zu Abweichungen. Dies wiederum führt auch zu Abweichungen bei der Summe der einzelnen (monatlichen) Umsatzsteuervoranmeldungen zur Jahreserklärung. Bedeutsame Abweichungen zwischen Buchungs- und Erfassungsdatum sollten daher überprüft und mit dem Mandanten besprochen werden.

Die Einzelauswertung (Auszug) der Belege mit einer Differenz in Tagen von mehr als 180 Tagen zwischen Buchungs- und Erfassungsdatum ergibt bspw. folgendes Bild:

Beleg	Beleg-datum	Buchungs-datum	Erfassungs-datum	Betrag in EUR	Betrag in EUR (angepasst)	Diff. in Tagen
1016434	04.01.2018	04.01.2018	04.07.2017	750.415,10	–750.415,10	181
1016434	04.01.2018	04.01.2018	04.07.2017	750.415,10	750.415,10	181
18016625	21.12.2017	21.12.2017	08.09.2016	184.051,91	–184.051,91	261
18016625	21.12.2017	21.12.2017	08.09.2016	184.051,91	184.051,91	261
18016626	21.12.2017	21.12.2017	11.09.2016	184.051,91	184.051,91	264
18016626	21.12.2017	21.12.2017	11.09.2016	184.051,91	–184.051,91	264
18016255	03.01.2018	03.01.2018	17.07.2016	1.526,14	1.526,14	195
18016255	03.01.2018	03.01.2018	17.07.2016	219,00	219,00	195
18016255	03.01.2018	03.01.2018	17.07.2016	144,17	144,17	195
10000090	19.08.2016	21.01.2018	19.08.2016	21.607,50	–21.607,50	575
10000090	19.08.2016	21.01.2018	19.08.2016	21.607,50	21.607,50	575

Tab. 4.20 Einzelposten Differenz in Tagen zwischen Erfassungs- und Belegdatum

Der Beleg 10000090 weist eine Differenz zwischen Buchungs- und Erfassungsdatum von 575 Tagen auf. Hierbei handelt es sich zwar um Ausnahmen,[28] allein mit Stichproben sind solche Einzelfälle jedoch nur schwer zu entdecken.

Zur besseren Übersichtlichkeit sollten die einzelnen Belegzeilen auf den Beleg verdichtet werden. Mehrinformationen können durch die Belegzeilen bei dieser Auswertung nicht gewonnen werden, da auf Ebene der Belegzeilen ergänzend nur Sachkonto und Buchungstext verfügbar sind.

Ferner lässt sich zur Abrundung eine Übersicht der Differenz in Tagen zwischen Beleg- und Buchungsdatum ermitteln. Bedeutsame ergänzende Erkenntnisse lassen sich hieraus jedoch nicht mehr ableiten.

[28] Bei den hier verwendeten Daten handelt es sich um anonymisierte Echtdaten.

Differenz in Tagen	Anzahl der Belege	Prozent der Anzahl	Prozent des Betrags	Betrag in EUR
< 0	2.718	5,06%	1,35%	42.242.090,70
0–0	46.074	85,83%	43,99%	1.373.264.143,21
1–4	3.236	6,03%	54,25%	1.693.718.073,15
5–9	173	0,32%	0,03%	961.997,69
10–29	637	1,19%	0,18%	5.621.347,60
30–89	60	0,11%	0%	24.047,40
90–180	20	0,04%	0%	1.000,00
> 180	760	1,42%	0,20%	6.209.665,40
Summen	53.678	100%	100%	3.122.042.365,15

Tab. 4.21 Übersicht Differenz in Tagen zwischen Beleg- und Buchungsdatum

4.2.8 Buchungen an Wochenenden und Feiertagen

Buchungen an Wochenenden oder Feiertagen sind nicht per se ungewöhnlich. Diese, i.d.R. buchungsärmere Zeit, wird u.a. für Auswertungen und automatisierte Verbuchungen genutzt. Dies bedeutet, dass eine Selektion der Ergebnisse auf manuelle Benutzer sinnvoll ist. Zudem sind bei vorhandenen Niederlassungen oder Betriebsstätten bundeslandabhängige Feiertage zu berücksichtigen. Sofern ausländische Tochtergesellschaftern ebenfalls in dem Journal enthalten sind, sind diese entweder herauszufiltern oder, im Falle einer gewünschten Mitauswertung, deren besondere Feiertage bzw. Arbeitszeiten zu beachten.

Ziel dieser Abfrage ist es, Buchungen zu ungewöhnlichen Tagen aufzudecken, also die Frage nach dem „Wann" wurde gebucht. Dazu kann bei den im Journal vorhandenen Datenfeldern nur das Erfassungsdatum herangezogen werden. Beleg- als auch Buchungsdatum sind ungeeignet. Das Belegdatum wird von dem Belegerstellenden vorgegeben, das Buchungsdatum vom im System erfassenden Benutzer. Lediglich das Erfassungsdatum kann der Benutzer nicht beeinflussen. Dieses wird systemseitig zu dem Zeitpunkt vergeben, wenn die Buchung physisch im System erfolgt.

Folgende Felder werden für die Auswertung benötigt:

- Beleg,
- Belegdatum,
- Buchungsdatum (nur ergänzend),
- Erfassungsdatum,

- Erfasser,
- Betrag,
- Sachkonto (nur hilfsweise, wenn weitere Eingrenzungen vorgenommen werden sollen),
- Soll-Haben-Kennzeichen (wenn nicht das Betragsfeld bereits mit positiven/negativen Vorzeichen versehen worden ist),
- Belegsumme (nur hilfsweise, wenn Eingrenzungen über den Betrag vorgenommen werden sollen).

Zur Ermittlung des jeweiligen Wochentags können Funktionen verwendet werden. In Microsoft Excel wandelt die Funktion TEXT ein Datumsfeld in den entsprechenden Wochentag um.[29] Vergleichbare Funktionen sind in ACL/IDEA ebenfalls vorhanden.[30]

Um einen Überblick über die Häufigkeit von Buchungen an Wochenenden zu gewinnen, sollten die Ergebnisse zunächst gruppiert werden:

Erfassungstag	Anzahl der Belege	Prozent der Anzahl	Prozent des Betrags	Betrag in EUR
Sonntag	890	1,66%	0,44%	13.593.247,10
Montag	10.953	20,41%	7,31%	228.273.551,06
Dienstag	7.183	13,38%	4,47%	139.622.326,38
Mittwoch	13.725	25,57%	8,75%	273.070.456,38
Donnerstag	9.960	18,56%	16,64%	519.421.291,82
Freitag	10.464	19,49%	62,30%	1.944.924.228,16
Samstag	503	0,94%	0,10%	3.137.264,25
Summen	53.678	100%	100%	3.122.042.365,15

Tab. 4.22 Übersicht Wochentag der Erfassung

Das Ergebnis zeigt, dass 1.393 Belege an einem Samstag bzw. Sonntag erfasst worden sind. In einem zweiten Schritt ist es sinnvoll, diese Belege herauszufiltern und getrennt zu betrachten. Spätestens an dieser Stelle ist eine ergänzende Selektion oder auch Verdichtung auf Benutzer zielführend.

Aus den vorliegenden Daten, gefiltert auf Buchungen an Samstagen oder Sonntagen, ergibt sich folgende Auswertung:

29 Bspw. wird unter Verwendung von TEXT („10.08.2017"; „TTTT") als Ergebnis Donnerstag ausgegeben. Dabei kann das Datum „10.08.2017" durch einen Zeilenverweis ersetzt werden.

30 Bspw. wird in ACL für diese Zwecke die Funktion DOW genutzt.

Erfasser	Anzahl der Belege	Prozent der Anzahl	Prozent des Betrags	Betrag in EUR
BB	1.353	97,13%	65,59%	10.972.759,35
PS	40	2,87%	34,41%	5.757.752,00
Summen	1.393	100%	100%	16.730.511,35

Tab. 4.23 Erfasser, die am Wochenende gebucht haben

Erkennbar wird, dass eine zielgerichtete Selektion vorteilhaft ist. In diesem Fall bleiben die beiden Erfasser BB und PS übrig. Hier kann geprüft werden, ob die Erfassungen dem Grunde nach plausibel oder ob Belege in Stichproben zu prüfen sind. Sofern Automatik oder maschinelle Benutzer in der Liste auftauchen, können diese i.d.R. zügig dem Grunde nach geprüft und herausgefiltert werden.

Für Buchungserfassungen an Feiertagen kann analog vorgegangen werden.

4.2.9 Doppelte Buchungen

Prüfungsziel ist es, doppelte Buchungen aufzuzeigen, also die Frage: „*Wie* wurde gebucht?" Doppelerfassungen können sowohl im Hauptbuch als auch in den Nebenbüchern (Debitoren und Kreditoren) erfolgen. Im Bereich der Kreditoren resultieren Doppelerfassungen oftmals aus der Erfassung der Original- und der nochmaligen Erfassung einer angefertigten Kopie. Auch werden in einzelnen Unternehmen Eingangsrechnungen, die elektronisch eingegangen sind, oftmals ergänzend für die Rechnungsprüfung ausgedruckt. Dies begünstigt das Risiko einer Doppelerfassung auf Kreditorenebene.

Zur Ermittlung von doppelten Buchungen auf Sachkontenebene werden folgende Felder benötigt:

- Beleg,
- Belegdatum,
- Buchungsdatum,
- Erfassungsdatum (nur hilfsweise),
- Erfasser (nur hilfsweise),
- Buchungsperiode,
- Betrag,
- Sachkonto,
- Buchungstext,
- Zuordnung (ggf. als Ergänzung zum Buchungstext),

- Soll-Haben-Kennzeichen (wenn nicht das Betragsfeld bereits mit positiven/negativen Vorzeichen versehen worden ist),
- Belegsumme (nur hilfsweise, wenn Eingrenzungen über den Betrag vorgenommen werden sollen).

Als Kriterium zur Identifizierung doppelter Buchungen kann die identische Kombination aus Sachkonto, Buchungsbetrag und Belegnummer dienen.

Konto	Beleg	Betrag in EUR	Belegdatum	Text
221000	18013430	3.002,58	18.08.2017	Transportkosten B. 28585
221000	17013471	1.328,20	18.02.2017	Transportkosten CW-Stahl
221000	17819135	2.031,77	27.05.2017	Transportkosten DR 28277
221000	18611137	931,48	17.11.2017	Transportkosten AA 28578

Tab. 4.24 Doppelte Buchungen

Zur Kenntlichmachung von doppelten Erfassungen, die mit unterschiedlichen Belegnummern gebucht worden sind, darf die Prüfkombination nur aus Sachkonto und Buchungsbetrag bestehen. Hierbei ist zu beachten, dass bspw. monatlich wiederkehrende Leasingraten den gleichen Betrag aufweisen. Zur weiteren Eingrenzung kann daher die Prüfkombination um die Buchungsperiode erweitert werden. Das heißt, es werden nur Belege ausgegeben, die mit dem gleichen Betrag in der gleichen Periode, aber mit unterschiedlichen Belegnummern gebucht worden sind.

Praxistipp:
Zahlendreher können anhand der Quersumme aufgezeigt werden. Die Quersumme von 87 entspricht mit 15 auch der Quersumme von 78.

Um Zahlendreher in Buchungen sichtbar zu machen, kann ergänzend die Quersumme das Kombinationskriterium Betrag ersetzen. Die Quersumme von 10.029,64 beträgt 1+0+0+2+9+6+4 = 22. Ebenso ergibt die Quersumme von 10.092,64 ebenfalls 22. Mit den vorhandenen Daten ergibt sich folgende Darstellung:

Konto	Beleg	Betrag in EUR	Belegdatum	Text
221000	18001656	10.029,64	25.08.2017	SHAPE RV Nachber.NL
221000	18001719	10.092,64	25.08.2017	SHAPE RV Nachber.NL

Tab. 4.25 Doppelte Buchungen, Quersumme

Bei der Verwendung der Quersumme können immer Belege aus potenzieller Doppelerfassung ausgegeben werden, bei denen der Betrag nur zufällig die gleiche Quersumme besitzt. Letztendlich wird es immer von den Gegebenheiten beim einzelnen Mandanten abhängen, wie weitgehend mögliche Doppelbuchungen analysiert werden.

Bei vorliegenden Debitoren und Kreditoreneinzelposten des zu prüfenden Geschäftsjahres können die genannten Prüfungsschritte analog auf diese angewendet werden. Eine offene Postenliste der Debitoren bzw. Kreditoren allein ist für diese Analyse nicht ausreichend. Zur Identifizierung potenzieller Doppelerfassungen muss immer eine vollständige Liste der Buchungen des zu prüfenden Zeitraums vorliegen.

4.2.10 Gerundete Ziffern vor dem Komma

Nach dem ISA 240 können Einträge im Journal mit runden Zahlen oder Endziffern ein Anhaltspunkt für Manipulationen sein, also „Was“ wurde „warum“ gebucht?

Zur Ermittlung werden folgende Felder benötigt:

- Beleg,
- Belegdatum,
- Buchungsdatum,
- Erfassungsdatum (nur hilfsweise),
- Erfasser (nur hilfsweise),
- Buchungsperiode (nur hilfsweise),
- Betrag,
- Sachkonto,
- Buchungstext,
- Zuordnung (ggf. als Ergänzung zum Buchungstext),
- Soll-Haben-Kennzeichen (wenn nicht das Betragsfeld bereits mit positiven/negativen Vorzeichen versehen worden ist).

Gerundete Ziffern vor dem Komma bestehen aus der Kombination „000“. Diese lassen sich unter Verwendung von Funktionen zielgerichtet auswerten. Aus der Zahl 12.345.000,88 wird in Microsoft Excel unter Nutzung der Funktion SUCHEN oder FINDEN die Stelle 6 als Beginn der Zeichenfolge „000“ ausgegeben. Sofern die Zeichenfolge „000“ in einer Zeile nicht vorhanden ist, wird 0 oder ggf. #WERT ausgegeben.

Betrag in EUR	Ergebnis[31]
123.456,00	0 oder #Wert
123.000,99	4
125.781,00	0 oder #Wert
1.000,00	2

Tab. 4.26 Gerundete Ziffern vor dem Komma, Ergebnisdarstellung, Datensatzauszug

In einem Folgeschritt kann nun die Ergebnisspalte nach allen Werten ungleich 0 bzw. #WERT gefiltert werden. In der **Tab. 4.26** ist der Datensatz zur Verdeutlichung nur verkürzt wiedergegeben. In der Praxis sollte der Datensatz die vorgeschlagenen Felder enthalten.

Bei Einsatz von ACL kann die Funktion FINDEN verwendet werden. Im Vorfeld muss dafür jedoch die Zahlenfolge von einem nummerischen Datenfeld in ein alphanummerisches Datenfeld umgewandelt werden. Hierfür kann in ACL die Funktion STRING[32] eingesetzt werden. Als Ergebnis werden dann hier auch alle Zeilen mit der entsprechenden Zahlenkombination „000“ herausgefiltert.

Weiterführend können Benford's Law[33] oder der Chi-Quadrat-Test[34] eingesetzt werden; auf die Ausführungen in Kapitel 5 wird verwiesen.

4.2.11 Belegnummernlückenanalyse

Belegnummern dürfen nicht mehrfach in der Finanzbuchhaltung erfasst sein. Darüber hinaus muss die vollständige und lückenlose Erfassung der Geschäftsvorfälle sichergestellt sein. Es dürfen somit auch keine nicht er-

31 Ergebnis der Funktion SUCHEN („000“;Betrag) oder FINDEN („000“;Betrag) unter Verwendung von Microsoft Excel.

32 STRING wandelt ein nummerisches Datenfeld in ein alphanummerisches Datenfeld (in ein Textfeld) um. Bspw. ergibt STRING („123.456,00“; 12) das Textfeld „ 123.456,00“. Die Zahl 12 in der Funktion STRING gibt die Länge des Textfelds an.

33 Benford's Law beschreibt eine Gesetzmäßigkeit in der Verteilung der Ziffernstrukturen von Zahlen in empirischen Datensätzen, z.B. ihrer ersten Ziffern.

34 Der Chi-Quadrat-Test ist ein statistisches Testverfahren zur Prüfung einer Hypothese über die Verteilung eines Merkmals, z.B. der letzten beiden Ziffern.

klärbaren Lücken von Belegnummern im System vorhanden sein. Kernfrage ist somit: „*Wie* wurde gebucht?"

Zur Durchführung einer Lückenanalyse werden folgende Felder benötigt:

- Beleg,
- Belegdatum,
- Buchungsdatum,
- Erfassungsdatum (nur hilfsweise),
- Erfasser (nur hilfsweise),
- Betrag,
- Sachkonto,
- Buchungstext,
- Zuordnung (ggf. als Ergänzung zum Buchungstext),
- Soll-Haben-Kennzeichen (wenn nicht das Betragsfeld bereits mit positiven/negativen Vorzeichen versehen worden ist).

Die Umsetzung der Lückenanalyse kann bspw. in ACL durch Verwendung des Menüs Analyse - Lücken erfolgen. Bei Verwendung von Microsoft Excel kann dies entweder über eine bedingte Formatierung (es werden diejenigen Zellen farbig markiert, bei denen der vorherige Wert nicht um 1 erhöht ist) oder auch eine Array-Formel verwendet werden.[35]

Die Auswertung kann analog für Rechnungsnummern durchgeführt werden. Auch diese müssen lückenlos im System vorhanden sein bzw. vorhandene Lücken müssen entsprechend dokumentiert sein.

Als erweiterter Anwendungsbereich für eine Lückenanalyse kann die Prüfung auf das Vorliegen von fortlaufenden Rechnungsnummern genannt werden. Fortlaufende Rechnungsnummern können, sofern sie automatisch bzw. systemseitig vergeben werden, über das o.g. Verfahren schnell ausgewertet werden. Sofern die Rechnungsnummern manuell vergeben werden, kann bspw. folgendes Problem auftauchen:

Benutzer A schreibt 20171, 20172, 20173 etc., Benutzer B hingegen verwendet die Systematik 2017-4, 2017-5 etc.

[35] Als bedingte Formatierung kann bspw. als Formel zur Ermittlung der zu formatierenden Zellen A2 <> A1 + 1 verwendet werden. Sofern auch die Lückenbereiche angezeigt werden sollen, kann z.B. eine Array Formel {=KKLEINSTE(WENN(ZÄHLENWENN($A$2:$A$31;ZEILE($100:$133))=0;ZEILE($100:$133));ZEILE(A2)-1)} eingesetzt werden.

Um diese Daten auf Lücken auswerten zu können, müssen die Rechnungsnummern harmonisiert werden. Dies kann über Funktionen erfolgen. In ACL würde hierfür die Funktion REMOVE[36] verwendet werden. Bei Einsatz von Microsoft Excel kann entweder SUCHEN und ERSETZEN[37] oder die Funktionen WECHSELN oder GLÄTTEN eingesetzt werden.

Die um die „–" bereinigten Datenfelder können nun mittels der o.g. Lückenanalyse auf entsprechende Lücken und/oder Lückenbereiche analysiert werden.

4.2.12 Buchungen über Schnittstellen

Buchungen können direkt von einer Person im System erfasst werden, aber auch automatisiert über Schnittstellen gebucht werden. Schnittstellenbuchungen können dabei ergänzend bereits Summierungen oder Verdichtungen aufweisen. Beispielsweise können Umsatzerlöse oder die Lohnabrechnungen in einem Vorsystem erfasst sein. Sofern Umsatzerlöse in einem Vorsystem erfasst und dann verdichtet im Hauptbuch gebucht werden, sollte auf diesen Hauptbuchkonten keine manuellen Buchungen mehr erfolgen oder zumindest wären diese prüfungsrelevant; vgl. auch die Ausführungen unter 4.2.1 und 4.2.2. Bei der Prüfung von Schnittstellen stellt sich somit die Frage: „*Woher* kommt der Geschäftsvorfall?"

Sofern die Buchungen im Vorsystem bereits verdichtet sind (bspw. nur noch Tages- oder Monatssummenwerte pro Konto), können diese im Hauptbuch nicht mehr zielgerichtet ausgewertet werden. Hier ist eine Analyse der Buchungssätze in dem jeweiligen Vorsystem erforderlich. Daher ist es empfehlenswert, in diesem Fall auch die entsprechenden Daten aus dem Vorsystem ergänzend zu prüfen.

i

Hinweis:
Sofern im Hauptbuch nur verdichtete Daten, bspw. auf das jeweilige Hauptbuchkonto verdichtete Tages- oder Monatssalden, erfasst werden, sollten im Rahmen von Journal Entry Tests auch die Daten aus dem Vorsystem vom Mandanten angefordert werden. Mit diesen Daten kann dann gleichzeitig die Ordnungsmäßigkeit der Schnittstelle geprüft werden.

---

36 Mittels der Funktion REMOVE werden gültige Zeichen vorgegeben und alle anderen Zeichen eliminiert, bspw. REMOVE("2017-4";"1234567890") gibt als Ergebnis 20174 aus.

37 SUCHEN nach "–" und ERSETZEN durch "..."; löscht im Ergebnis alle "–".

Zur Durchführung einer (vereinfachten) Schnittstellenprüfung werden neben den Daten aus dem Nebenbuch im Regelfall die folgenden Felder aus dem Hauptbuch benötigt:

- Beleg,
- Belegdatum,
- Buchungsdatum,
- Erfassungsdatum (nur hilfsweise),
- Erfasser (nur hilfsweise),
- Betrag,
- Sachkonto,
- Buchungstext (nur hilfsweise),
- Zuordnung (ggf. als Ergänzung zum Buchungstext),
- Soll-Haben-Kennzeichen (wenn nicht das Betragsfeld bereits mit positiven/negativen Vorzeichen versehen worden ist).

Die Belegzeile des Vorsystems kann wie folgt aussehen:

Beleg	Belegdatum	Buchungsdatum	Erfasser	Betrag in EUR	Sachkonto
5001001	20.07.2017	20.07.2017	YY	1.245,22	511500
5001002	20.07.2017	20.07.2017	YY	1.275,69	511500
5001003	20.07.2017	20.07.2017	YY	845,22	511500
5001004	20.07.2017	20.07.2017	CW	105,91	511500
5001005	20.07.2017	20.07.2017	YY	154,00	511501
5001006	20.07.2017	20.07.2017	YY	1.578,20	511501
5001007	20.07.2017	20.07.2017	YY	13.127,50	511501
5001008	20.07.2017	20.07.2017	CW	120,50	511502
5001009	20.07.2017	20.07.2017	CW	254,99	511502

Tab. 4.27 Schnittstelle, Datenaufbau Vorsystem, Einzelposten

Automatisiert ins Hauptbuch übertragen werden (nur) die jeweiligen Summen (hier verkürzt dargestellt):

Sachkonto	Betrag in EUR	Erfasser
511500	3.472,04	AT
511501	14.859,70	AT
511502	375,49	AT

Tab. 4.28 Schnittstelle, Übertragung der summierten Belege im Hauptbuch

Auf Ebene des Hauptbuchs können somit die Daten, bspw. nach dem Erfasser, nicht mehr ausgewertet werden, da auf der Ebene des Hauptbuchs nur noch der automatische Erfasser „AT“ erscheint, nicht aber die Person, die den Beleg auf Ebene des Vorsystems gebucht hat. Diese Auswertung muss somit auf Ebene des Vorsystems vorgenommen werden. Die Auswertungen bzw. Journal Entry Tests im weiteren Sinne können analog der hier dargestellten Auswertungen für das Hauptbuch vorgenommen werden. Die sieben „W-Fragen“ geben auch im Nebenbuch Hinweise auf zu prüfende Sachverhalte.

Bei Vorlage der Daten aus dem Vorsystem kann neben der Auswertung des dann vorliegenden Buchungsstoffs gleichzeitig eine Schnittstellenprüfung vorgenommen werden. Im Rahmen der Prüfung der Schnittstelle erfolgt ein Abgleich zwischen den Daten des Vorsystems und denen des Hauptbuchs. Es wird demnach eine Prüfung vorgenommen, ob tatsächlich alle Daten aus dem Vorsystem auch im Hauptbuch erfasst worden sind.

Zu diesem Zweck werden die Einzelposten des Vorsystems auf Ebene des Hauptbuchkontos verdichtet. Die Verdichtung erfolgt analog der Handhabung der Schnittstelle, also pro Hauptbuchkonto. In ACL kann hierfür der Menüpunkt Analyse – Summenstruktur, bei Einsatz von Microsoft Excel kann die Funktion SUMMEWENN verwendet werden. Die so gebildete Verdichtung der Einzelposten auf Hauptbuchkontoebene entspricht dann der Darstellung in der **Tab. 4.28**.

Aus dem Buchungsjournal (Hauptbuch) können als nächster Schritt die entsprechenden Sachkonten selektiert und ebenfalls auf Ebene des Sachkontos aufsummiert werden.

Sachkonto	Betrag in EUR	Erfasser
511500	3.472,04	AT
511501	14.859,70	AT
511502	375,50	AT

Tab. 4.29 Schnittstelle, Summe pro Sachkonto auf Ebene des Journals

Im Idealfall stimmen die Summen aus der Verdichtung auf Ebene des Nebenbuchs (**vgl. Tab. 4.28**) mit den Summen aus der Verdichtung auf Ebene des Hauptbuchs (**vgl. Tab. 4.29**) überein.

Nebenbuch			**Hauptbuch (Journal)**			**Abweichung**
Sachkonto	**Betrag in EUR**	**Erfasser**	**Sachkonto**	**Betrag in EUR**	**Erfasser**	**In EUR**
511500	3.472,04	AT	511500	3.472,04	AT	0,00
511501	14.859,70	AT	511501	14.859,70	AT	0,00
511502	375,49	AT	511502	375,50	AT	0,01

Tab. 4.30 Schnittstelle, Gegenüberstellung Neben-/Hauptbuch

Die Gegenüberstellung kann bei einer größeren Anzahl von Datensätzen maschinell erfolgen. Bei Verwendung von ACL erfolgt dies über den Menüpunkt Daten – Zusammenführen,[38] im Falle von Microsoft Excel ist der Einsatz der Funktion SVERWEIS[39] denkbar.

Abweichungen zwischen dem Vorsystem (Nebenbuch) und dem Hauptbuch (Journal) können so auf Basis der tatsächlich gebuchten Salden geprüft werden. Abweichungen sind entsprechend zu prüfen.

4.2.13 Buchungen zum Abschlussstichtag

ISA 240 nennt als Merkmale manipulierter Journaleinträge oder anderer Anpassungen u.a. Einträge, die zum Ende des Geschäftsjahres oder als nachträgliche Abschlussbuchungen aufgezeichnet worden sind. Ziel ist es, diese Buchungen herauszufiltern, um diese ggf. manuell prüfen und analysieren zu können. Die Kernfrage lautet demnach: „*Was* wurde gebucht?“

Folgende Felder werden für die Auswertung benötigt:

- Beleg,
- Belegdatum (nur hilfsweise),
- Buchungsdatum,
- Erfassungsdatum (nur hilfsweise),
- Buchungsperiode,
- Erfasser,
- Betrag,
- Sachkonto,

[38] Primär- und Sekundärschlüssel wären in diesem Fall jeweils das Sachkonto.

[39] Beim SVERWEIS ist zu beachten, dass ggf. fehlende Konten in der Referenztabelle (hier das Hauptbuch) nicht ausgegeben werden. D.h. wenn im Nebenbuch Sachkonten nicht ins Hauptbuch übertragen werden, würden diese nicht angezeigt. Daher sollte zur Sicherstellung der Vollständigkeit der Übernahme der SVERWEIS in beide Richtungen eingesetzt werden.

- Buchungstext,
- Zuordnung (ggf. als Ergänzung zum Buchungstext),
- Soll-Haben-Kennzeichen (wenn nicht das Betragsfeld bereits mit positiven/negativen Vorzeichen versehen worden ist),
- Belegsumme (nur hilfsweise, wenn Eingrenzungen über den Betrag vorgenommen werden sollen).

Journaleinträge zum Ende des Geschäftsjahres oder nachträgliche Abschlussbuchungen können nur bedingt ausgewertet werden, da nicht sichergestellt werden kann, dass die Buchungen auf den 31.12. erfasst worden sind. Sofern die Buchungen auf den Jahresabschlussstichtag gebucht worden sind, also bspw. den 31.12., können diese über das Buchungsdatum selektiert werden.

Beleg	Beleg-datum	Buchungs-datum	Erfassungs-datum	Erfasser	Betrag in EUR	Text
20044552	22.12.2017	31.12.2017	22.01.2018	BB	17.203,44	Holding
20044552	22.12.2017	31.12.2017	22.01.2018	BB	17.203,44	Inter-national
20044440	08.12.2017	31.12.2017	08.01.2018	BB	69.522,36	Inter-national
20044440	08.12.2017	31.12.2017	08.01.2018	BB	69.522,36	EGNV B.V.
2013197	15.12.2017	31.12.2017	16.02.2018	GS	37.368,00	Lohnst. Nov.
2013197	15.12.2017	31.12.2017	16.02.2018	GS	1.000,00	Transfer
2013197	15.12.2017	31.12.2017	16.02.2018	GS	50.000,00	AT 1030045
2013197	15.12.2017	31.12.2017	16.02.2018	GS	273.529,74	Systems
2013197	15.12.2017	31.12.2017	16.02.2018	GS	39.592,11	CW-AG

Tab. 4.31 Buchungen zum Abschlussstichtag

Denkbar ist auch eine Auswertung über die Buchungsperioden 13–16. Dies funktioniert jedoch nur, wenn der Mandant diese Buchungsperioden für die Abschlussarbeiten verwendet. Buchungsdatum wird dann regelmäßig der 31.12., also ebenfalls der Abschlussstichtag, sein.

Ferner ist es möglich, über das Erfassungsdatum zu gehen. Buchungen, die nach dem Geschäftsjahr erfasst worden sind, also bspw. ab Februar des Folgejahres, werden üblicherweise die Abschlussarbeiten betreffen. Diese Buchungen können somit über eine Selektion des Erfassungsdatums „Ausgabe aller Buchungen mit einem Erfassungsdatum größer als Datum xx.xx.xxxx" herausgefiltert werden.

4.3 Möglicher Berichts-/Dokumentationsaufbau von Journal Entry Tests

Die Ziele, Ergebnisse und Interpretation der Journal Entry Tests müssen ausreichend dokumentiert werden. Der Dokumentationsaufbau sollte sich an den einzelnen Phasen orientieren, wobei in der Planungsphase der Journal Entry Tests (Phase 1) keine getrennte Dokumentation sinnvoll ist. Diese sollte in die allgemeine Prüfungsplanung integriert werden.

In der Phase der Datenbeschaffung (Phase 2) sollten die mit dem Mandanten besprochenen Anforderungen und Selektionskriterien festgehalten werden. Gleichzeitig sollten die erhaltenen Daten zumindest nach Medium, Datum und „von wem erhalten" dokumentiert werden. Hier kann eine einfache Microsoft-Excel-Datei verwendet werden, die im weiteren Verlauf der Auswertungen bzw. Ergebnisermittlung für weitere Informationen verwendet werden kann. Darüber hinaus sollte das Ergebnis der Datenübernahme angegeben werden.

Hinweis: i
Ohne eine Datenabstimmung sollten keine Auswertungen vorgenommen werden. Anderenfalls besteht das Risiko, dass die Daten unvollständig bzw. fehlerhaft selektiert oder übernommen worden sind. Die Auswertungen können dann fehlerhaft sein.

Die Dokumentation der Datenanforderung, Datenübernahme und Datenvalidierung kann bspw. wie nachstehend dargestellt werden:

Kopfdaten	Bezeichnung/ Erläuterung/Ergebnis	Datum	Kurz-zeichen Prüfer
Mandant:	Test Mandant	26.02.2017	CW
Auftragsnummer:	123.456	26.02.2017	CW
Geschäftsjahr / Stichtag:	2016/31.12.2016	26.02.2017	CW
Zeitraum:	01.01.2016–31.12.2016	26.02.2017	CW
Daten angefordert			
Welche:	Journal	24.02.2017	CW
Bei:	J. Ive	24.02.2017	CW
Am:	24.02.2017	24.02.2017	CW
Daten erhalten			
Welche:	Journal	26.02.2017	CW
Von:	K. Kastel	26.02.2017	CW
Am:	26.02.2017	26.02.2017	CW
Art/Medium:	USB-Stick	26.02.2017	CW
Anzahl Datensätze (Belegzeilen):	53.678	27.02.2017	CW
Datenvalidierung			
Summe Betrag = null	Ja	27.02.2017	CW
Belegsummen = null	Ja	27.02.2017	CW
Saldenliste erfolgreich	Ja	27.02.2017	CW

Tab. 4.32 Dokumentationstabelle

Bei Bedarf kann in **Tab. 4.32** auch die Datenanforderung (welche Daten [Selektionskriterien, bei wem, wann]) ergänzend berücksichtigt werden.

In der Phase 3, der Datenaufbereitung (bspw. Zusammenfügen von einzelnen Monaten, Datenfeldern, Einrichtung von Summenfeldern etc.), kann die Dokumentation auf Abstimmsummen begrenzt werden. Sofern der Mandant die Daten bspw. in zwölf Monatsdateien aufgeteilt hat, muss nach der Zusammenfügung die Gesamtzahl der Datensätze der Summe der Einzelmonate entsprechen. Dies sollte geprüft und ebenfalls dokumentiert werden.

Bei der Dokumentation der Durchführung sowie der Ergebnisse der Journal Entry Tests hat es sich bewährt, einen Überblick der Auswertungen voranzustellen. Sofern Einschränkungen oder Wesentlichkeiten berücksichtigt worden sind, sollten diese in einer Spalte ebenfalls angegeben werden.

Hierdurch ist es möglich, die Eingrenzungen auch später nachzuvollziehen und bei der Ergebnisinterpretation zu berücksichtigen. In ergänzenden Spalten sollte der Ersteller nebst Datum sowie (später) der Bearbeiter nebst Datum dokumentiert werden.

Journal Entry Test	Ziel/Erläuterung	Eingrenzungen (Beispiel)
Anzahl Buchungen pro Erfasser	Wer hat wo gebucht? Ziel ist die Ausgabe, welche (manuellen) Benutzer auf welchen Konten gebucht haben. Nicht personalisierte Benutzer werden getrennt ausgegeben und gekennzeichnet. Buchungen auf den eingegrenzten Konten von nicht berechtigten Mitarbeitern sind in die IKS-Prüfung mit einzubeziehen.	Betrachtet wurden nur die Bereiche Umsatzerlöse, sonstiger betrieblicher Ertrag, Materialaufwand und sonstiger betrieblicher Aufwand
Manuelle Buchungen auf eigentlichen Automatikkonten	Was wurde wo gebucht? Auswertung, dass diese Konten keine manuellen Buchungen enthalten.	Alle Automatikkonten, bspw. Umsatzsteuerkonten
Soll-Buchungen sowie Statistik der Umsatzerlöse	Was und wo wurde gebucht? Ziel ist die Entdeckung von Auffälligkeiten. Zu diesem Zweck werden neben den Soll-Buchungen auf Umsatzerlöskonten, ergänzende Kreuz-/Pivot-Tabellen (Umsatzerlöskonto und Erfasser) ausgegeben. Diese sind bei der IKS-Prüfung ergänzend zu berücksichtigen.	Umsatzerlöse
Buchungen mit ungewöhnlichen Buchungstexten	Was und warum wurde gebucht? Ungewöhnliche Buchungstexte können Anhaltspunkte für zu prüfende Einzelfälle geben. Die Daten wurden ergänzend in Form einer Kreuz-/Pivot-Tabelle nach Benutzer aufbereitet.	Ausgewählt wurden die (mandanten-individuellen) Texte: Ausbuchung, Fehler, Retoure, Storno. Maschinelle Benutzer wurden herausgefiltert.
Gegenkonto-analyse	Wo wurde gebucht? Ziel ist die Sichtbarmachung, welche Gegenkonten verwendet wurden. Die gesperrten Konten wurden kenntlich gemacht.	Bankkonten
Hohe Auszahlungen auf Kassenkonten	Warum wurde gebucht? Hohe Auszahlungen auf Kassenkonten sind zu prüfen. Die Auswertung enthält eine Statistik der Auszahlungen.	Kassenkonten

Journal Entry Test	Ziel/Erläuterung	Eingrenzungen (Beispiel)
Zeitnahes Erfassen und zeitnahes Buchen	Wann wurde gebucht? Analyse des Buchungsverhaltens hinsichtlich der Zeitgerechtheit. Analysiert wurde die Differenz zwischen Beleg- und Erfassungsdatum (ggf. auch Buchungs- und Erfassungsdatum).	Es wurden nur Belege mit einer Differenz > 30 Tagen ausgewertet.
Buchungen an Wochenenden und Feiertagen	Wann wurde gebucht. Ziel ist die Ermittlung der Erfassungen an ungewöhnlichen Tagen. Maschinelle Benutzer wurden gekennzeichnet und sollten getrennt geprüft werden.	Keine
Doppelte Buchungen	Wie wurde gebucht? Aufgezeigt sollen Doppelerfassungen von Belegen im Haupt- und Nebenbuch. Um Zahlendreher erkennbar zu machen, wurde die Quersumme des Betrags ebenfalls ausgewertet (getrennte Auswertung).	Keine, ergänzend wurden die Kreditoren ausgewertet.
Gerundete Ziffern vor dem Komma	Was wurde warum gebucht? Gerundete Zahlen oder Endziffern können Anhaltspunkte für Manipulationen sein.	Keine
Lückenanalyse	Wie wurde gebucht? Keine Mehrfacherfassung von Beleg- und Rechnungsnummern, aber auch keine Lücken in der Nummernvergabe. Die Lücken müssen erklärbar sein.	Journal (Belegnummer), ergänzend Rechnungsnummern der Ausgangsrechnungen.
Schnittstellen	Woher kommt der Geschäftsvorfall? Abgleich zwischen Haupt- und Nebenbuch auf ordnungsgemäße Übernahme der Daten. Prüfung der Daten aus dem Vorsystem auf Auffälligkeiten wurden getrennt ausgewertet.	Personal (Vorsystem)
Buchungen zum Abschlussstichtag	Was wurde gebucht? Kenntlichmachung der Abschlussbuchungen bzw. Durchsicht auf Auffälligkeiten.	Alle Buchungen mit Buchungsdatum 31.12. bzw. Buchungen der Buchungsperioden 13–16 mit einem Betrag über 25.000,00 .

Tab. 4.33 Beispiel Dokumentation JET

Für die Dokumentation der Ergebnisse gibt es grundsätzlich zwei Möglichkeiten. Die Ergebnisse können als getrennte Journal-Entry-Testing-Dokumentation gesammelt an einer Stelle der Arbeitspapiere abgelegt werden. Hier besteht das Risiko, dass die Auswertungen als reine „Nice to have"-Auswertungen betrachtet werden, aber nicht in den Prüfungsprozess eingebunden sind.

Daher ist es eher zu empfehlen, die Auswertungen im Rahmen der zugehörigen Prüffelder abzulegen. Die Erkenntnisse aus den Journal Entry Tests können so direkt im Prüfungsprozess berücksichtigt und genutzt werden. Ferner steigt die Akzeptanz im Prüfungsteam, wenn die Journal Entry Tests nicht nur als einmalige Auswertungen verstanden werden, sondern auch im weiteren Prüfungsablauf als ständiger Begleiter durch weiterführende Datenanalysen eingebunden sind. Das Nebeneinander von Journal Entry Testing und dem „normalen" Prüfungsablauf wird vermieden. Dennoch ist auch in diesem Fall ratsam, zumindest eine Komplettübersicht der durchgeführten Journal Entry Tests ergänzend an zentraler Stelle zu dokumentieren. Hier bietet sich die in **Tab. 4.33** dargestellte Übersicht an. Ergänzt um Referenzierungen zu den jeweiligen Prüfungsgebieten ergibt sich eine geschlossene Dokumentation.

Es ist nicht erforderlich, jeden einzelnen Schritt der durchgeführten Journal Entry Tests zu dokumentieren. Es ist vielmehr ausreichend, neben der Datenherkunft und deren Abstimmung die durchgeführten Journal Entry Tests (an sich) und die Ergebnisse sowie die daraus gewonnen Erkenntnisse zu dokumentieren. Der Weg von den aufbereiteten Grunddaten zu den Ergebnisdateien kann immer wieder aus den Grunddaten hergeleitet werden. Insbesondere bei der Verwendung von Makros oder Skripten ist es nicht zielführend, die Makros oder Skripte in gedruckter Form in den Arbeitspapieren abzulegen.

Um den Einsatz von Journal Entry Tests effizienter zu gestalten, sollten diese soweit möglich automatisiert ablaufen. Dazu können Makros oder Skripte verwendet werden, um die Journal Entry Tests standardisiert einsetzen zu können. Die ggf. unterschiedlichen Feldbezeichnungen und Feldformatierungen aus den jeweiligen Finanzbuchhaltungssystemen können, wie bereits unter 3.4 dargestellt, vorab manuell oder durch ein Überleitungsmakro bzw. -skript vereinheitlicht werden.

5 Weiterführende Hinweise zur Ergänzung von Journal Entry Tests durch vertiefende Datenanalysen

Über die reinen Journal Entry Tests hinaus können aus dem Journal weitere Informationen gewonnen werden. In dem Journal sind bspw. die Umsatzerlöse sowie die Materialdaten vorhanden. Hieraus können weitere Plausibilitätsprüfungen und/oder Korrelationen ermittelt werden. Diese können zwar auch aus der Summen-Saldenliste auf Basis der einzelnen Konten abgeleitet werden, der Vorteil beim Journal besteht jedoch in der Möglichkeit, auf die zugrunde liegenden Buchungen zurückgehen zu können. In der praktischen Umsetzung erfolgt dies über Summenbildungen über bestimmte Konten und Vergleich der Korrelationen. Um eine Summenbildung über mehrere Konten zu erreichen, können die jeweiligen Konten zu Kontengruppen zusammengefasst werden oder eine Summierung über eine ergänzende WENN-Funktion erfolgen.

Bei Einsatz von Microsoft Excel würde dies unter Verwendung der Funktion SUMMEWENN, in ACL unter Verwendung der WENN-Funktion beim Befehl Summenstruktur erfolgen. Die Anlage einer Kontengruppe bedingt die Definition einer neuen Spalte bzw. eines neuen Ausdrucks, in dem die jeweiligen Umsatzerlöskonten bspw. alle die Zuordnung „Umsatz" haben. Im Anschluss kann dann die Summierung über diese Kontengruppe erfolgen.

Ebenfalls können Zeitreihen bzw. zeitliche Entwicklungen über das Jahr hinweg, also bspw. auf Monatsbasis, gebildet werden. Hierfür werden dann Summenbildungen über die Kriterien „Buchungsmonat" und „Kontogruppe" gebildet. Auch können aus den Journalen, wenn sie über mehrere Jahre vorliegen, Entwicklungen über mehrere Jahre dargestellt werden. Hier werden schnell Entwicklungen und Trends sichtbar.

Aus den Daten des Journals können Verteilungen der Ziffern analysiert werden. Am bekanntesten sind Benford's Law und der Chi-Quadrat-Test. Benford's Law besagt, dass das Auftreten der Ziffer 1 an der ersten Stelle wahrscheinlicher als das Auftreten der Ziffern 2–9 sind. Ebenso ist das Auftreten der Ziffer 2 wahrscheinlicher als die Ziffer 3. Es ergibt sich somit eine fallende Kurve. Bei den hier verwendeten Beispieldaten würde die Kurve bei den Umsatzerlösen wie folgt aussehen:

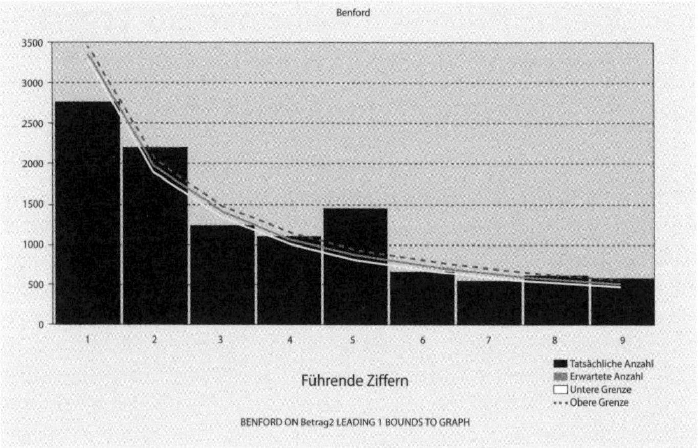

Abb. 5.1 Umsatzerlöse, Benford's Law

Auffällig wäre hier das häufige Auftreten der Ziffer 5 an der ersten Stelle. Dem könnte durch Selektion der entsprechenden Datensätze weiter nachgegangen werden. In der Praxis wird dies jedoch aufgrund des Umfangs der Datensätze nur in geringem Umfang erfolgen. Sinnvollerweise werden Erklärungen bzw. anderweitige Plausibilitätsprüfungen vorgenommen. Ein Grund könnte bspw. die Lieferung in bestimmten Los- oder Verpackungsgrößen sein. Hierdurch können sich entsprechende Häufungen ergeben.

Benford's Law kann auch auf zwei Stellen angewandt werden. Auch hier sind Ziffern mit kleineren Werten in unserer Welt häufiger anzutreffen als Ziffern mit großen Werten (Beträge die mit „11" oder „12" beginnen, sind häufiger anzutreffen als Beträge, die mit z.B. den Ziffern „31", „52" beginnen). Der Vorteil dieser Auswertung ist, dass bei großen Abweichungen zu der erwarteten Häufigkeit in der Grundgesamtheit auf sehr verdächtige Ziffernkombinationen geschlossen werden kann. Im folgenden Beispiel waren Beträge mit den Anfangsziffern 30, 32 und 97 sehr verdächtig. Nach Prüfung stellte sich heraus, dass die Beträge die gängigen Umsätze eines Verlags aus den am meisten verkauften Zeitschriften- bzw. Zeitungsabos sind, die monatlich gebucht wurden.

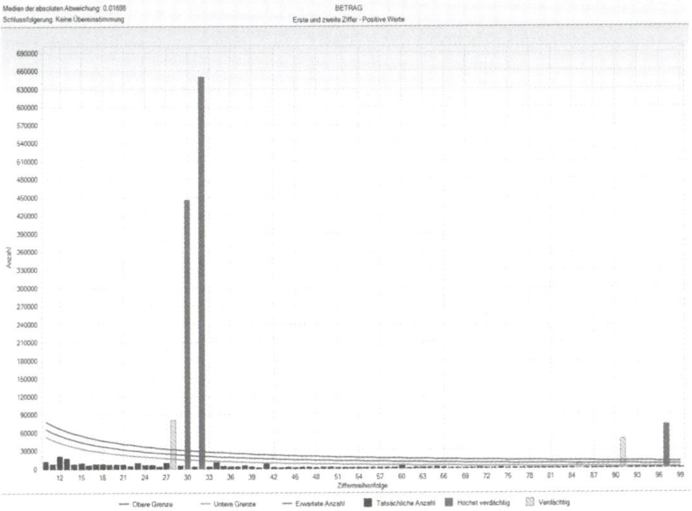

Abb. 5.2 Beispiel einer Benford-Analyse mit zwei Ziffern

Praxistipp:
Benford's Law sollte weniger zur Festlegung von Einzelfallprüfungshandlungen eingesetzt werden, sondern eher zur Darstellung im Zeitablauf. Beispielsweise können quartals- oder jahresweise Benford-Verteilungen von Umsatz und Materialaufwand Hinweise auf zu prüfende Sachverhalte geben.

Des Weiteren kann der Chi-Quadrat-Test (oder „Lieblingszahlentest") verwendet werden. Auch hier liegt die praktische Relevanz wohl eher im Bereich von Sonderprüfungen oder in mehrjährigen Vergleichen. Zu prüfende Einzelfälle sollten aus den Ergebnissen grundsätzlich nicht abgeleitet werden. Der Chi-Quadrat-Test, in der Form des Verteilungs- bzw. Anpassungstests, macht eine Aussage, ob die vorhandene Häufigkeit sich signifikant von der erwarteten Häufigkeit unterscheidet. Bei Manipulationen weisen einzelne Ziffern aufgrund von „Lieblingszahlen" oftmals eine höhere Anzahl auf. Dieses Wissen kann dann bspw. bei der Prüfung von Kassenbuchhaltungen verwendet werden. Der ermittelte Chi-Wert ist dann ein Maß für die Übereinstimmung der vorhandenen Zahlenverteilung im Verhältnis zu dem im Kassenbuch erwarteten Zahlenverteilung. Je größer der Chi-Wert ist, desto höher ist die Wahrscheinlichkeit für Manipulationen. In der Praxis ist der

Chi-Wert jedoch allein nie ausreichend. Es müssen immer ergänzende, weitere Aspekte für die Annahme von Manipulationen berücksichtigt werden.

Journal Entry Tests werden derzeit häufig nur auf das Hauptbuch bezogen. Eine Erweiterung auf die Nebenbücher, wie bspw. Anlagevermögen, Debitoren oder Kreditoren, ist sinnvoll. Die in 3.5 dargestellten Grundauswertungen können auch auf die Nebenbücher bezogen werden. Auch dort stellen sich die sieben „W-Fragen“. „Wer“ hat „was“ „wo“ „wann“ „wie“ und „warum“ gebucht? Ergänzt wird dies um die Frage: „Woher“ kommt der Geschäftsvorfall? Die für die Nebenbücher benötigten Daten können entweder aus den GDPdU-konformen Daten selektiert oder direkt aus den entsprechenden Tabellen und Auswertungen des Finanzbuchhaltungssystems gezogen werden. Hierbei ist zu berücksichtigen, dass die Auswertungen aus den Finanzbuchhaltungssystemen oftmals eine mehrzeilige Struktur ausgeben, die sich nicht direkt in eine einzeilige Struktur überführen lässt.

```
06.07.1999   Anlagen - Zugaenge                                                              Handelsrecht     1999      1
-------------------------------------------------------------------------------------------------------------------------
Anl.Nr.  UNR WK          Aktivdat   AfA Beginn     Dauer  Proz. Lieferant  Bezeichnung
             Kostl.      Standort   Son Beginn     Dauer  Proz. Plansatz
    BA Belegnr. Bu-Datum   BWA Bez.Dat.    G Gegenkonto Referenznr          Menge  Eh           Zugang   N-AfA a. Zug.    S-AfA a. Zug.
-------------------------------------------------------------------------------------------------------------------------
Buchungskreis 01 Sachkonto 00022000 Anlagenklasse 2200

22000034 000             01.01.1999 101 01.01.1999 03.00  33,33 0000068043 Netexpress Windows95/NT   V2.0 CD P FP Bundle
             11030
    IR 30000318 13.01.1999 221 01.01.1999 K 0000068043      101248          0,000           6.150,00         2.050,00

22000035 000             01.01.1999 101 01.01.1999 03.00  33,33 0000068043 Netexpress Windows95/NT   V2.0 CD P FP Bundle
             11030
    IR 30000318 13.01.1999 221 01.01.1999 K 0000068043      101248          0,000           6.150,00         2.050,00

22000036 000             01.01.1999 101 01.01.1999 03.00  33,33 0000068043 Netexpress Windows95/NT   V2.0 CD P FP Bundle
             11030
```

Abb. 5.3 Mehrzeilige Auswertung

Bei der in **Abb. 5.3** dargestellten mehrzeiligen Auswertung geht der relevante Datensatz über mehrere Zeilen. Um dieses in eine einzeilige Struktur zu überführen, vgl. **Abb. 5.4**, können Programme wie ACL oder IDEA verwendet werden.[40]

[40] Die Umsetzung erfolgt bspw. in ACL über Datei – Neu – Tabelle, Auswahl Druckdateienbericht. Alternativ ist die Auswahl über eine Zeile (Filter)-/Spalten (Datenfeld)-Definition möglich.

BK	Konto	Klasse	Anlage	Aktivierungs-datum	Lieferant	Abschreibungs-beginndatum	Belegart	Beleg	Betrag
01	00022000	2200	22000034	01.01.1999	0000068043	01.01.1999	IR	30000318	2.050,00
01	00022000	2200	22000035	01.01.1999	0000068043	01.01.1999	IR	30000318	2.050,00
01	00022000	2200	22000036	01.01.1999	0000068043	01.01.1999	IR	30000318	2.050,00
01	00022000	2200	22000037	01.01.1999	0000068043	01.01.1999	IR	30000318	2.050,00
01	00022000	2200	22000038	01.01.1999	0000068043	01.01.1999	IR	30000318	2.072,07
01	00022000	2200	22000039	28.04.1999	0000068043	01.04.1999	IR	30000341	1.743,00
01	00022000	2200	22000040	28.04.1999	0000068043	01.04.1999	IR	30000341	1.756,38
01	00081000	8100	81000256	12.01.1998	0000065008	01.01.1998	IR	30000328	1.763,00
01	00081000	8100	81000256	12.01.1998	0000065008	01.01.1998	IR	30000329	6.172,00

Abb. 5.4 Umgesetzter mehrzeiliger Report; Selektion auf ausgewählte Felder

Die umgesetzten einzeiligen Daten können im Anschluss auch ohne Weiteres nach Microsoft Excel exportiert[41] und dort weiter ausgewertet werden.

Praxistipp:
Mehrzeilige Reports können am einfachsten aus dem Format ASCII (unkonvertiertes Text-Format) in eine einzeilige Struktur umgesetzt werden. Eine Konvertierung bzw. Umsetzung von PDF-Dateien ist möglich, führt aber oftmals zu Datensatzverschiebungen (ist also in der Umsetzung oftmals deutlich aufwendiger). Es sollten daher beim Mandanten, soweit als möglich, keine PDF-Dateien angefordert werden.

Vorliegende Daten aus dem Nebenbuch können ergänzend nach den vorliegenden Feldern ausgewertet werden. Beispielsweise können im Bereich Anlagevermögen Klassifizierungen oder Summenbildungen über das Feld „Bewegungsart" oder im Bereich der offenen Posten Debitoren/Kreditoren über die Felder „Währung" und „Belegart" erfolgen. Klassifizierungen über das Feld „Währung" zeigen sofort die vorhandenen Währungen nebst dem Betrag in der eingebuchten Währung sowie in Hauswährung an. Hieran können die verwendeten Umrechnungskurse (Stichtagsumrechnung nach § 256a HGB) zielgerichtet geprüft werden.

Währung	Anzahl	Prozent der Anzahl	Prozent des Feldes	Betrag in Fremdwährung	Betrag in EUR
CHF	2	0,05%	0%	166,45	137,50
EUR	3.912	99,95%	100%	33.281.657,82	33.281.657,82
Summen	3.914	100%	100%	33.281.824,27	33.281.795,32

Tab. 5.1 Klassifizierung nach der Währung

41 In ACL erfolgt dies über Daten – Exportieren und Exportieren als Excel.

Der verwendete Umrechnungskurs kann nun direkt ermittelt und auf Richtigkeit geprüft werden.

Ebenso zeigt bspw. eine Auswertung nach dem Feld „Belegart“, was gebucht worden ist.

Belegart		Anzahl	Prozent der Anzahl	Prozent des Feldes	Betrag in EUR
AZ	Anzahlung	1	0,03%	0%	–188,50
KG	Gutschrift	104	2,66%	–22,48%	–7.482.582,87
KP	Kontenpflege	3	0,08%	–0,15%	–50.842,49
KR	Rechnung	1	0,03%	0%	–117,53
RE	Rechnung	3.684	94,12%	122,80%	40.871.274,05
RN	Rechnung	39	1%	0,18%	59.912,06
SM	Sachkontenbeleg manuell	12	0,31%	–0,09%	–29.602,90

Tab. 5.2 Klassifizierung nach Belegart

Aus dieser Übersicht ist zielgerichtet ersichtlich, was (hier) bei den offenen Posten Kreditoren gebucht worden ist. Die Belege zur Kontenpflege könnten wie die hohe Zahl der Gutschriften sowie die manuellen Sachkontenbelege im weiteren Prüfungsverlauf ausgewertet und geprüft werden.

Im Rahmen der Prüfung ist es somit hilfreich, die vorhandenen Felder „einfach mal so“ zu klassifizieren, um so Anhaltspunkte für weitere Auswertungen und Prüfungshandlungen zu bekommen. Es ist jedoch nicht erforderlich, allen Auffälligkeiten im Rahmen der Prüfung nachzugehen. Es sollten vielmehr immer die prüferischen Fragestellungen sowie die Wesentlichkeitsgrenzen Berücksichtigung finden. Nur so kann die Wirtschaftlichkeit der Prüfung durch den (vermehrten) Einsatz von Journal Entry Tests (im weiten Sinne) verbessert werden.

6 Anlage

Belegfelder zur Durchführung der genannten JET am Beispiel SAP.

Tabelle BKPF

Feldname	Kurzbeschreibung	Feldtyp	Feldlänge
AWKEY	Referenzschlüssel	C	20
AWSYS	Logisches System	C	10
AWTYP	Referenzvorgang	C	5
BELNR	Belegnummer eines Buchhaltungsbelegs	C	10
BKTXT	Belegkopftext	C	25
BLART	Belegart	C	2
BLDAT	Belegdatum im Beleg	D	8
BLIND	Kennzeichen Budgetäres Ledger	C	1
BUDAT	Buchungsdatum im Beleg	D	8
BUKRS	Buchungskreis	C	4
BVORG	Nummer eines buchungskreisübergreifenden Buchungsvorgangs	C	16
CPUDT	Tag der Erfassung des Buchhaltungsbelegs	D	8
CPUTM	Uhrzeit der Erfassung	T	6
DBBLG	Belegnummer der Dauerbuchung	C	10
GJAHR	Geschäftsjahr	N	4
GLVOR	Betriebswirtschaftlicher Vorgang	C	4
GRPID	Name der Batch-Input-Mappe	C	12
HWAER	Hauswährung	C	5
MANDT	Mandant	C	3
MONAT	Geschäftsmonat	N	2
PPNAM	Benutzer, der den Beleg vorerfasst hat	C	12
PROPMANO	Mandat Immobilienverwaltung	C	13
PSOBT	Buchungstag	D	8
PSODT	Datum der letzten Änderung	D	8
PSOFN	IS-PS: Aktenzeichen	C	30
REINDAT	Rechnungseingangsdatum	D	8
RLDNR	Ledger in der Hauptbuchhaltung	C	2

Feldname	Kurzbeschreibung	Feldtyp	Feldlänge
SNAME	Benutzername	C	12
STBLG	Belegnummer des Stornobelegs	C	10
STGRD	Grund für Storno oder Umkehrbuchung	C	2
STJAH	Geschäftsjahr des Stornobelegs	N	4
STODT	Geplantes Datum für die Umkehrbuchung	D	8
TCODE	Transaktionscode	C	20
UPDDT	Datum der letzten Belegfortschreibung	D	8
USNAM	Name des Benutzers	C	12
XBLNR	Referenz-Belegnummer	C	16
XMWST	Steuer automatisch rechnen?	C	1
XREVERSAL	Gibt an, ob ein Beleg Stornobeleg oder stornierter Beleg ist	C	1

Tabelle BKPF

Feldname	Kurzbeschreibung	Feldtyp	Feldlänge
ABPER	Abrechnungsperiode	N	6
ABSBT	Kreditmanagement: Abgesicherter Betrag	P	13
AGZEI	Ausgleichsposition	P	5
ALTKT	Konzernkontonummer	C	10
AUFNR	Auftragsnummer	C	12
AUFPL	Plannummer zu Vorgängen im Auftrag	N	10
BELNR	Belegnummer eines Buchhaltungsbelegs	C	10
BLNBT	Basisbetrag zur Ermittlung des Präferenzbetrags	P	13
BLNKZ	(obsolet) Förderungskennzeichen zur Ermittlung des Kürzungssatzes	C	2
BLNPZ	Präferenz-Prozentsatz	P	7
BONFB	Bonusfähiger Betrag in Hauswährung	P	13
BPMNG	Menge in Bestellpreismengeneinheit	P	13
BPRME	Bestellpreismengeneinheit	C	3
BSCHL	Buchungsschlüssel	C	2
BUKRS	Buchungskreis	C	4
BUSTW	Buchungsstring für Werte	C	4

Feldname	Kurzbeschreibung	Feldtyp	Feldlänge
BUZEI	Nummer der Buchungszeile innerhalb des Buchhaltungsbelegs	N	3
BUZID	Identifikation der Buchungszeile	C	1
DMBTR	Betrag in Hauswährung	P	13
EBELP	Positionsnummer des Einkaufsbelegs	N	5
EGBLD	Bestimmungsland für Warenlieferung	C	3
EGLLD	Lieferland bei Warenlieferung	C	3
EGRUP	Beteiligungsgruppe	C	3
GJAHR	Geschäftsjahr	N	4
GSBER	Geschäftsbereich	C	4
GVTYP	Erfolgskontentyp	C	2
HKONT	Sachkonto der Hauptbuchhaltung	C	10
HZUON	Zuordnungsnummer für Sonderhauptbuchkonten	C	18
KOART	Kontoart	C	1
LOKKT	Alternative Kontonummer im Buchungskreis	C	10
MANDT	Mandant	C	3
MATNR	Materialnummer	C	18
MWSKZ	Umsatzsteuerkennzeichen	C	2
NAVHW	Nicht abzugsfähige Vorsteuer (in Hauswährung)	P	13
PROJK	Projektstrukturplanelement (PSP-Element)	N	8
PSEGMENT	Partnersegment für Segmentberichterstattung	C	10
PSWBT	Betrag für die Fortschreibung im Hauptbuch	P	13
PSWSL	Fortschreibewährung für Hauptbuchverkehrszahlen	C	5
RE_ACCOUNT	Zahlungsbasiertes Hauptbuch: Aufwands- bzw. Ertragskonto	C	10
RE_BUKRS	Zahlungsbasiertes Hauptbuch: Buchungskreis für Aufwand/Ertrag	C	4
REBZG	Belegnummer der Rechnung, zu der der Vorgang gehört	C	10
REBZJ	Geschäftsjahr der zugehörigen Rechnung (bei Gutschrift)	N	4
REBZT	Art des Folgebelegs	C	1
RECID	Kostentyp	C	2

Feldname	Kurzbeschreibung	Feldtyp	Feldlänge
REWRT	Erfasster Rechnungswert in Hauswährung	P	13
REWWR	Erfasster Rechnungswert in Fremdwährung	P	13
SAKNR	Nummer des Sachkontos	C	10
VORGN	Vorgangsart für General Ledger	C	4
WERKS	Werk	C	4
WMWST	Steuerbetrag in Belegwährung	P	13
WRBT1	Betrag in Fremdwährung für Steueraufteilung	P	13
WRBTR	Betrag in Belegwährung	P	13
XREF3	Referenzschlüssel zur Belegposition	C	20
ZUMSK	Ziel-Sonderhauptbuch-Kennzeichen	C	1
ZUONR	Zuordnungsnummer	C	18

Stichwortverzeichnis